书籍

**BOOK
DESIGN
MATERIAL**

装帧材料

张慈中◎编著

d e s i g n

o k

m a t e r i

a l

印刷工业出版社

内容提要

本书对书籍的演变、载体、装订方式做了全面的介绍，其中重点讲述现代书籍装帧材料的种类、质地、适性、选用方法和要素，及其与书籍特点的关系和在书籍设计中相互搭配的效果。该书涵盖古今中外书籍装帧材料，涉及的案例大多为作者亲身实践，蕴含了作者一生对设计不懈追求的精神，既具有实用价值，又具人文情怀，适合多层次的读者需求。

图书在版编目(CIP)数据

书籍装帧材料/张慈中编著.—北京：印刷工业出版社，2012.1
ISBN 978-7-5142-0033-1

I. 书… II. 张… III. 书籍装帧－装订材料 IV. TS882

中国版本图书馆CIP数据核字(2011)第262407号

责任编辑：艾　迪　　　　　　　　　责任校对：郭　平
责任印制：张利君　　　　　　　　　责任设计：张　羽
出版发行：印刷工业出版社（北京市翠微路2号　邮编：100036）
网　　址：www.keyin.cn　www.pprint.cn
网　　店：pprint.taobao.com
经　　销：各地新华书店
印　　刷：北京多彩印刷有限公司
开　　本：787mm×1092mm　　1/16
字　　数：125千字
印　　张：9
印　　数：1～2000
印　　次：2012年3月第1版　2012年3月第1次印刷
定　　价：43.00元
I S B N：978-7-5142-0033-1

◆ 如发现印装质量问题请与我社发行部联系 发行部电话：010-88275602

张慈中◎编著
装帧材料
BOOK DESIGN MATERIAL

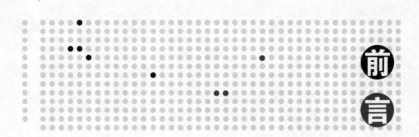

前言

　　这本《书籍装帧材料》包含我多年来从事书籍装帧设计工作经常遇到的装帧材料的使用问题。因为装帧材料是书籍的载体，无论哪一类书，都会选择相应的、得体的装帧材料。由此，我对装帧材料渐渐地产生了兴趣，不断地研究装帧材料的实用效果，注意装帧材料的审美品位，以及装帧材料的经济价值。

　　在我设计作品时，曾经发生找不到理想的材料的情况，这就萌发了我试制新材料的想法，其中包括彩色书皮纸、漏底漆布、国产PVC涂塑纸，以及压纹胶版纸和灰纸板。

　　本书的编写涉及我国文化发展的历史背景以及先人采用的书籍载体的经验和知识。从结绳的无字书开始，经过岩石壁作图画文的载体，到符号文的陶土材料，之后为有文字的龟甲作书的载体材料，一次一次的变革，文字的进化出现了简策、帛书等材料，直到发现麻纸，并进行多次造纸工艺技术的改进与印刷术的发明，最后宣纸、竹纸的单面印刷的中国传统线装书的大量生产。但我国造纸业一直停留在手工业生产阶段。

　　十九世纪中叶，欧美各国和日本的机制纸大量倾销中国市场，在十九世纪末，机制纸与机械印刷机双面印刷的书籍就流传开来，其间书籍装帧材料被一次一次地改进创新，使书的实用功能和

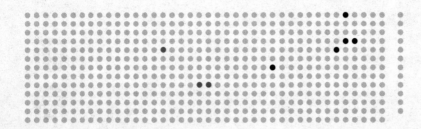

审美品位多样化。正因为装帧材料有这两层功能，装帧材料有了专业生产的企业、营销单位，以及科学研究机构。

　　本书编写时为满足和加深读者对内容有一个知识性的认识，尽量配上各种有关书籍的图片和插图，从中可以实观装帧材料应用的效果以及材料表面色泽和纹理的变化，为从事装帧材料的使用者与有关专业教学的老师提供参考资料，也可作为辅助教材使用。终于完成了此书的编写，我很高兴，但作者不擅写书，如有错误或不妥，恳请读者批评指证。谢谢！

二〇一一年十二月七日

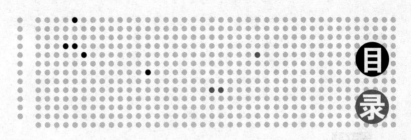

6 第六章 **中国的装帧材料历史概况　051**

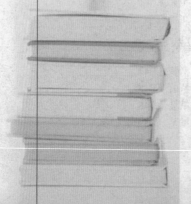

没有·载体的书有吗

人类的智慧、思想与人类的生活和生产实践使人类认识了自然界，也认识了人类社会和自身，人类个体与群体的一切活动，都是在创造物质和精神文化，并向文明社会方向迈进的历史。

中华民族在漫长的历史中，先人们在同自然界斗争与改变生存环境中慢慢地产生了一些茫然的而不可知的感悟，由于每个个体的不同感悟，在族群中渐渐萌生相互交流的需要，但那时人还处在蒙昧时期，在没有具体的视觉形象与触觉物体的情况下，已经能够想到利用自身的器官，把感悟中可记忆的内容，用口耳传递交流，这就是人类最初利用时空传递感悟的信息。先人们就是反复利用声音在族群中一代一代地传播，使得记忆重复，这是人类最初没有载体的书——古人说书。正是有了"说书"，先人们才将古代宗教思想以及许多神话和有趣的民间故事，一代一代地流传下来。

人类创造说书这一悠久的文化，经过了多少代的传承，流传至今。

第一章　有载体的书的产生与演变

　　人类生活与生产实践中发生的种种不同大小，不同性质的事件逐渐增多，单靠声音传递记忆的方法是不可靠的，于是从口耳的器官启发，想到人眼的视觉与双手的工具作用，能够将悟知的经验与知识以具象的、静态的形式持久地记录下来，这就需要寻求某种物质材料作载体。

　　先人在大自然中生活，常见到山石、树林、禽兽、泉水以及各种野生植物等，先人们为了生存，在山洞栖身，利用石、木制作工具，利用野生植物的瓜果充饥，并将野生植物中的麻茎皮纤维搓捻成麻绳，编织成网，捕鱼充食。结网的麻绳逐渐演变成了记忆的载体，由此人类开创了利用自然界物质作书的载体——结绳记事。

　　有了第一种书的载体，就有第二种、第三种……直到公元105年优质纸的出现，书才有了最轻便、最经济、最实用的理想载体材料。科学技术不断进步，纸的质地与品种的提高和多样化，使书籍多姿多彩。

没有文字的书的**载体**材料

一、结绳书

在上古时代，人们生产手段还很落后，只能采用简单的工具，将自然界原生态的植物——麻采割下来，将其茎干纤维搓捻成麻绳。利用麻绳可自由打结，以结绳记事，大结记大事，小结纪小事，有多少件事结多少个结。结绳可以保存，可以流通，可以应用。在某种意义上讲，结绳已起到了书的作用，是书籍最初的萌芽形态，此时，书籍已有了物质的载体，因此，可以说，麻就是我国第一种书的基础材料。

我国的傈僳族、哈尼族、鞑靼族，以及高山族等都曾使用过结绳记事或类似结绳记事的方法。图 1-1 是我国傈僳族过去用过的结绳记事图形，图 1-2 是外国秘鲁印加人结绳记事图形。

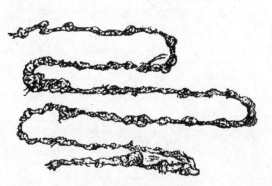

图 1-1　我国傈僳族过去用的结绳

图 1-2　秘鲁印加人的结绳

二、契刻书

在结绳书出现的时代，我国云南地区少数民族中还出现了契刻书，契刻书的载体材料是木材，当时生产工具还很简陋，多数都利用石英块制作石器工具，如"石斧"、"石刀"，还有尖状形石器、石镞与石凿。先人利用石器工具，将自然界的树干、树枝砍下，将树皮剥掉，做成木条，粗一点树干就用石刀或斧研成板状，与结绳书记录大事、小事的方法相同，这是用刀在木条或木板上刻缺口，大事就深刻，缺口大，小事则浅刻，缺口小。刻以识其数，契刻的缺口表达数目，以帮助记忆，从而识别其中意思，在族群中起到传递的作用。它的载体是木材，是麻结绳书之后的第二种书的载体材料。根据载体材质特征，简称为"木书"，如图1-3所示。

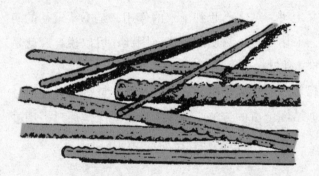

图 1-3 云南佤族过去用的不同刻木

有符号的书的载体材料

一、岩石书（图画文书）

　　岩石书体积大，不能移动，长期存在，至今我们还能在云南沧源和内蒙古阴山地区的山谷洞穴中见到，现代人看到这些岩画，也能推想出其中的意思，如图1-4所示。它比先前的结绳书、契刻书的形式前进了一大步，它创造了象形符号文形式，如图1-5所示。这种书可算得上世界上体积最大的书了，取名为"图画文书"，是以书的形象而言。这里演绎书的载体材质是岩石，故称"岩石书"。

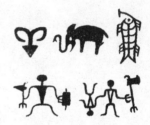

图1-5　古代的图画文字

图1-4　内蒙古阴山新石器时代岩画

二、陶书

陶文书的出现，是 6000 年前在半坡遗址出土的一个彩陶，上刻有横、竖、斜简单的线条，构成单个不同符号文形象。

约在公元前 4000 多年，人类发明了烧制技术。先人利用自然界本有的陶黏土物质，用水糊成陶泥状，作为制作生活用陶器的基础材料，在陶泥制成陶器的坯胎边口上刻烙上符号文，用火烧制成硬质的陶器。也有先烧制成陶器后再刻写符号文的，有的符号文是用红色写的，因为彩陶上除了文还有纹饰图案，一般是红黑两色。旧石器时代，先人们不仅创造了生活上实用的器皿，同时也创造了陶符号文，如图 1-6、图 1-7 所示。

利用烧制陶器上作符号文书的载体，它与岩石载体的书不同。从硕大无比的岩石变成很小的人们自己加工制作的物质生活材料。从直立的岩石壁面，变成圆弧形的立体彩陶。岩石不能移动，只能直立着阅读，陶器可以移动，可以拿在手上阅读，也可以放在桌上，坐着阅读。陶器上的符号文书显现出实用价值与审美价值已经有机地结合在一起，我们现在见到的"人面鱼纹彩陶盆"如图 1-8 所示。陶文书的载体材质是陶土，按材料特征，故简称为"陶书"。

图 1-8　人面鱼纹彩陶盆

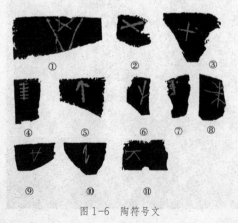

图 1-6　陶符号文

图 1-7　大汶口文化陶器上刻画的
文字据说为"灵山"二字

文字书的**载体**材料

一、甲骨书（甲骨文书）

甲骨文书出现于商代晚期，距今有 3300 年左右。但龟甲与兽骨质地坚硬，表面毛糙，不能直接作载体使用，于是先人们将龟腹甲、龟背甲、牛胛骨、鹿肋骨等进行整理加工，经过人工锯、剖、钻、削、磨、挖、烧几道复杂的工艺加工后，才用它作书的载体的基础材料。文字排列的格式按照甲骨的不同形状而变化，形成的文字版式几乎一款一样式。在当时，先人们能够如此灵活地应用书的载体形式，充分体现出刻写书的技艺已很纯熟，而且体现了实用性与审美性的特征。

龟甲、牛骨坚硬的质地，不易损坏，几千年也不会磨蚀。它体积小，便于携带、存放，易于流通，胜于岩石书与陶文书。因此"甲骨书"在传播思想、知识、宗教精神的文化方面做出了历史性的贡献，如图 1-9 所示。

（a）刻有文字的龟甲

（b）刻有卜辞的牛肩胛骨

（c）甲骨文书

图 1-9

二、铜书（金文书）

在甲骨文书盛行的同时，青铜已出现，西周时期又称青铜器时期，距今有 3000 多年。

每个历史时代都有各自不同的方式和技术来寻觅书写的载体材料。西周以前各时代都以最简便的方法利用自然界原生态物质作为书的载体，如麻、木、石、土、骨等。到了西周青铜器时代，社会生产力继续发展提高，科学技术不断进步，人们将自然界的铜、锡这类原生态的矿物质开采出来，经过冶炼制成青铜，再通过铸造手段铸造成各种类型的青铜器，多数是鼎、樽、彝。这些青铜器不仅造型很美，并且还雕刻上回纹、雷纹、波纹、兽纹、鸟纹、鱼纹等纹饰，而且还在铜器内壁上刻着铭文即"金文书"，铜器也就成为书的载体。

3000 多年前的先人们在生产技术上已有了很大进步，智慧和创造力铸造出的铜器不仅考虑到生活上的实用价值，而且也注重了审美价值。既有实用功能，又有欣赏功能。

铜书（金文书），过去人们都是以文的性质为主，因而把铜器内壁上的铭文称为"金文书"。本书以演绎书的载体材质为主，故根据铜器的材质特征称它"铜书"，如图 1-10 所示。

（a）毛公鼎　　　　　（b）鼎内刻凹文铭文　　　　　　（c）毛公鼎铭文拓片

图 1-10

三、石书（石玉文书、石碑文书、石鼓文书）

铜书出现后，过了 300 多年，在春秋时期还曾出现石文书，距今已有 2700 多年。

古人在远古时期就曾在岩石壁上绘刻图画文书，现在说的石文书，是将岩石开采下来，加工成大小不等的片状、块状、鼓状的石材，作为书的载体。

片状石头上刻写文字称"石玉文书"。石玉片上尖下方，形似剑，长宽不尽相同。石玉片作书的载体，其文辞不长，例如出现在春秋时期的《侯马盟书》，说明石玉片是当时先人订约结盟、写盟辞的载体材料，后人称它玉石文书，如图 1-11 所示。

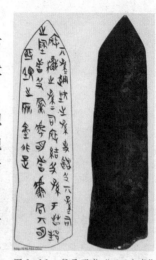

图 1-11　侯马盟书"石玉文书"

块状石头上刻写文字称"石碑文书"。图 1-12 所示的《熹平石经》就属于石碑文书。石碑体积较大，高三米多，宽约一米二。碑上雕凹形文字，内容为七经：《周易》、《尚书》、《鲁诗经》、《仪礼》、《春秋》、《公羊传》、《论语》，共 20 余万字，分刻成 46 块石碑。这是中国历史上经典读物的第一部石头大书。《熹平石经》刻成不久，发生董卓之变，《石经》三分之二被毁，后又经战乱，残存不足 11 块，碑文字为隶书。

图 1-12　《熹平石经》残片拓印示意图

鼓状石头上刻写文字称"石鼓文书"。如图 1-13 所示的石鼓文书共刻在 10 个类似鼓的石头上，上下被削为平面，上部平面小，下部平面大，石鼓呈馒头形。石鼓侧面的圆周面作为书的载体面，书的内容是四言诗记叙田猎生活中的事与所见情景，10 个石鼓按读诗顺序摆放，按顺序读，它分明就是一部古代文学作品的书，如图 1-14 所示。

图 1-13　馒头形石鼓　　　　　　　　　　图 1-14　石鼓文

以上三种石刻书的体积不同、形态有别、文书字体和内容也不同，但都属石质材料，并且从石材的形态可以看出，先人对石书的载体材料已事前进行了加工，特别是 46 块石碑与 10 个石鼓，先人对石书的载体形态以及高、宽、厚的尺寸进行过设计，为刻出清晰醒目的文字，还在确定刻字的一面让石匠打凿，做得更精细平整。在 2700 多年前，人们就已经能从书的内容的多少，有目的地计算出书的载体形状和大小，以及数量的多少，给现代装帧设计做出了示范。

这三种石刻文书，虽体积、体形、字体不同，但都属于石质材料，以其材料特征，本书简称其为"石书"。

第二章　早期书籍的形式与载体材料

　　石书之后的书在形式、文字、书写与载体材料方面都显示出质和量的大转变：书不再是刀雕刻的，而是用笔墨书写的；书的载体不是笨重不易搬动的，而是较轻并可携带的。这是早期的书籍与古代的书在形式上、阅读上最明显的，也是最重要的区别，这是书本身发展为早期书籍的必然趋势。

第一节

书籍 早期形式

一、简策书的载体材料

简策始于周至秦汉（公元前 770~前 220 年），至今有 2700 多年。

竹木简策书已经有了装订的方法，因此竹与木可算是中国早期书籍第一种装帧材料。"竹"选作书籍的载体开创了书籍在历史上真正有了书籍装帧的专用材料，在竹书之前的书，是借体于其他生活器皿材质上的，如陶、铜，虽也采用过自然物质的石、木与动物龟甲材质，但都没有像竹那样经过几道工艺处理，最后以编缀的装订技术成册，可以成卷存放，可以舒展阅读，特别是由于使用竹形成了中国第一种书籍形态——简策，竹由此被誉为中国书籍载体的第一种装帧材料，如图 2-1 所示。

竹成简策书在书的实用性与审美性方面也较突出，根据简策要写的内容的不同，简的长与宽度分成三种，以现在长度单位量度，分为长约 50cm、27cm、18cm 三档，宽度在 1.2~1.8cm 间。这三种不同长度形成的简策书形态，近似现代书的 16 开、大 32 开、小 16 开本的区别。

简策书的载体材料是竹，以其材料特征，本书将简策书简称为"竹书"。

图 2-1 简策书

二、帛书的载体材料

帛在春秋时期已应用，但还不十分流行。到战国时期帛书出现并盛行于秦汉时代，距今已有 2600 年左右。

缣帛柔软细密平整，幅面可大可小，既可写长文，又可绘图作画。帛比相同面积上的简策所写的字多得多，这是简策书不可能实现的。由于缣帛很薄很轻，帛书容易损坏或褶皱，为了便于保存，把写好的、面积相同的长方形帛书按顺序排列好，装入事前准备的长方形盒中，如图 2-2 所示，用时再取出。以后又把写好的一页一页的帛书与帛画拼接成长条，可以卷起来，从形式讲，就是卷轴装书。因此帛书可视为卷轴的初期形式。实际上，帛书的卷轴形式与纸发明后的卷轴装书同时存在很长一段时间。

帛书不像书籍那样可以自由查阅到最后一页内容，而是必须从头打开渐渐舒展到底才能见到最后部分的内容。

帛作为书的载体，可算是中国早期书籍第二种装帧材料，以材料固有的性质简称"帛书"。

（a）战国楚帛书

（b）帛书盒子的外形

（c）长沙马王堆汉墓出土的帛书

（d）帛书上的字体

图 2-2

书籍与书的区别

一、文字方面的区别

书，从最原始的无字书——结绳开始，经过一段漫长的历史，逐渐演变，出现符号形文字的书，以后又出现了象形文书、陶文书、甲骨文书、金文书和石文书，最后渐渐形成规正的汉字书。我们现代所谓书籍，从文字方面来说应该以规正的汉字为界线，但规正的汉字是有过一段演化的，即从象形文开始汉字的过渡期，所以把这段时期的书称为早期书籍形态。这是从文字方面来区别的，如图 2-3 所示。

殷甲骨文

周秦金文

汉时

现代

图 2-3　文字的演变

二、载体方面的区别

文必具载体而存，那么随文的演进，载体也会有所变化。人类自身的发展是从蒙昧无知进化到感悟而知，于是就产生物质与精神文化需求，书的载体是物质，最初人们只能简单地向自然界固有的物质索取，从麻、木、岩石壁，以至利用陶土、龟甲和兽骨作为书的载体。随着技术的发展通过冶炼工艺与浇铸技术甚至利用铜矿制成各种器皿，在器皿上刻字成书。这些载体都是自然界硬质材料，有些还是不能移动的，例如岩石壁上的图画文书是移不走的，铜鼎上的金文书也很难搬动。到了龟甲兽骨载体书，才有携带上的方便与阅读上的实用。

金文书出现后在我国还出现了石书，这是利用自然界的石头雕凿成块、片等形态，例如石墩、石碑。以这些石头为载体的书，体积较大而厚重，也不易移动，人们只能站立在它面前阅读，但历时久远，不少已破损。

简策与帛的书籍载体是竹子与缣帛，改变了先前书用的硬质材料，由此，可以说书与书籍的载体材料有了明显的区别。

三、制作工艺的区别

最初，先人只是利用石刀、石斧等简单的工具进行刀刻斧斫的简便手艺制成书的载体。以后有用笔在陶、龟甲上用红黑两色描涂后刻写，也有先刻后描涂的，陶文写或刻都须经过火烧后制成硬质载体。甲骨也有制作顺序，先将龟甲壳和腹甲两部分连接的甲桥锯开，使甲桥平整部分留在腹甲上，然后将腹甲上留着的甲桥锯掉，成为两块弧形的龟甲片，然后用笔描涂或刻写文字，这些工艺制作少一项都不能成书，如图2-4所示。

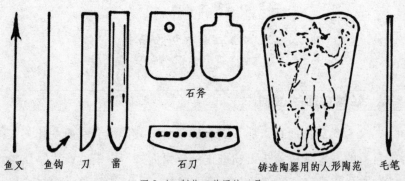

鱼叉　鱼钩　刀　凿　　　　石刀　　　　铸造陶器用的人形陶范　毛笔

石斧

图2-4　制作工艺用的工具

第三章　纸

最初的 **纸**

一、纸的发现

1957 年 5 月 8 日陕西省西安市灞桥砖瓦厂的工人挖土时，在深层土中意外地发现了一座不完整的石墓。陕西省博物馆的工作人员前来清理文物时，发现有一叠古纸黏附在三弦钮铜镜下，色泽为浅褐色。这些古纸是在灞桥地区发现的，因此被命名为"灞桥纸"。后来将这些纸用高倍显微镜分析，发现该纸是由大量大麻纤维及少量苎麻纤维合成的，如图 3-1 所示。

图 3-1 灞桥西汉麻纸

二、蔡伦与造纸术

蔡伦虽不是纸的发明者，却是造纸技术的改进者。蔡伦扩大了造纸原料的范围，用麻、破布、渔网、还有树皮为原料，大大降低了造纸的成本。

东汉生产的麻纸，获得官方认同，并加以推广使用，提高质量后的麻纸普遍地进入平常百姓的生活中，当作了书写品。在此同时，还增加了一个新品种，那就是以树皮为原料的皮纸。质量也比麻纸好，树皮纸的出现为纸的制造提供了一个广泛的、新的原料来源，这是蔡伦在造纸技术上的一大进步。

三、左伯与左伯纸

到了东汉献帝时期（189~220 年），造纸技术进一步发展，涌现出许多造纸能手，左伯就是继蔡伦之后的又一位造纸改革家。他造出粗细纸张10多种。左伯对以往的造纸方法作了改进，但原料并没有改变，依旧是麻料，只是进一步提高了造纸技术和纸的质量，造出的纸张洁白、细腻、柔滑、匀密、色泽光亮，世称"左伯纸"。左伯纸不仅当时很著名，而且影响到魏晋，深得书画家的喜爱。5世纪萧子良给书法家王僧虔的信中说："左伯之纸，研妙辉"。左伯纸为文人名士所推崇欣赏，难怪东汉书法家蔡邕写字作书，非左伯纸不肯轻易润笔。

在东汉200年间，东汉人生产了"麻纸"、"皮纸"、"左伯纸"、及"五色花笺"。纸作为书的载体材料，它的优越性比先前的缣帛、简策更为明显：一是纸的价格低廉，缣帛价格昂贵；二是纸薄而轻，简策厚而重。因此东汉末年纸受到文人名士、大众百姓的青睐，人们越来越喜爱用纸习字写书，而渐渐地冷淡竹简、缣帛。东汉人将手写的纸书，一张一张地粘接成长幅，然后自左向右卷成卷，阅读时向左展开，这是最早的纸书，名曰"卷子书"。

纸质书籍的装帧材料与装帧工艺

一、卷轴装的装帧材料与装帧工艺

卷轴装书是在卷子书基础上发展的，出现在东汉末期（公元200年），经历魏晋南北朝至隋唐到五代末、宋初才消失，历时750年。

卷轴装是最初的书籍装帧形式之一，它已经有装帧材料与装帧工艺这两个特征。当时手抄本的卷轴装材料结构有：卷书纸、背裱纸和绫罗绢锦等材料；木轴棒的木、檀木、玳瑁或珊瑚和金属材料；带的丝织材料；签的牙骨等材料以及缥帙的材料，如图3-2所示。工艺方面有：粘糊、刷裱、画线、系结、雕刻、染漆、镶嵌、装置等工艺。

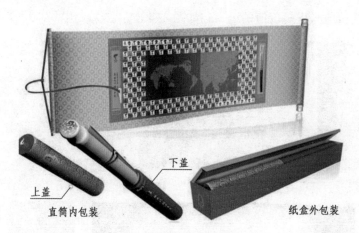

图 3-2　卷轴装材料与工艺

　　卷轴装书的装帧形态从手抄本卷轴装到印制本卷轴装基本没有改变，但由于中国造纸业的发展与进步，纸的品种与质量有了很大的改变与改善。最初的手抄本卷轴装书用的纸是麻纸，以后是楮皮纸、桑皮纸、檀皮纸，再后是苔纸、藤纸、竹纸、宣纸与玉版纸，如图3-3所示。

　　卷轴装书的装置，初时还没有用轴，则是将一张一张字书纸把它粘接成长幅，自左向右卷成一卷，称为"卷子装"。不久就以木棒为轴将卷子装左端末部用浆糊粘接在木棒上，木棒比卷子宽度长一点，以此为轴心，自左向右卷成一卷，称为"卷轴装"。卷轴装的装置在中期以后，方法更精细，材质更讲究。为了避免卷轴装长期舒展阅读受损伤，同时也使卷轴在舒展中更硬挺一些，就将卷子背面增添了一道装裱工艺和一层装裱新材料，通常用硬黄纸，但也有用绫、罗、绢和锦等丝织材料的，还在卷书面右端增添了一张白纸，名曰"缥"，类似现代书籍的扉页，并加添一条丝带粘缝在卷子右端，作为卷子的缚带，带头上有一支象牙别签别住缚带，这样卷子就不会松开。可见卷轴装书到后期，无论是材质、工艺、装置等方面都已达到了尽善尽美的地步，这是先辈们在我国书籍装帧工作方面作出的典范，说明书籍装帧必须做到实用价值与审美价值的统一，如图 3-4 所示。

（a）楮皮纸

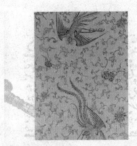

（b）苔纸

（c）竹纸

（d）宣纸

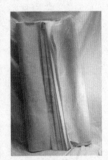

（e）玉版纸

图 3-3

（a）卷轴装书《金刚经》

（b）有丝带的卷轴装书

图 3-4

二、经折装的装帧材料与装帧工艺

当手写的卷轴装流通在社会上让广大读者使用时，人们渐渐发觉阅读卷轴装书时打开卷轴仅仅是卷中的一部分，读完一部分后，把它卷进接着往下再舒展出下一部分，实际阅读的视角宽度是有限的，一般在六七寸（双页）之间。根据读书实践的经验启示，可将裱好的卷轴书采用正反折叠成长方形片页翻动阅读。

经折装出现在唐代，唐代崇尚佛教，经折装主要是书写佛经、道经以及儒家的经典，故取"经"字，又因为这种书已由卷改变成折叠式书，故取"折"字，由此命名"经折装"。

经折装的装帧材料有：1. 手写用的是硬黄纸，染以黄檗，取其防虫蠹；2. 裱背用楮皮纸；3. 用于封面、封底两块尺寸相同的硬厚纸板，也有用木板为楠木、樟木板；4. 封面板上贴的书名签用宣纸或泥金纸等加工纸；5. 阅读时翻页用的书签有竹、木、银等材料；6. 书套用厚硬纸板，表面裱一层瓷青纸，或深蓝棉布、丝、绢、锦等纺织物；套内裱一层麻白纸或白滑纸这类较柔韧的纸。

经折装与卷轴装相似之处都是首先用一张一张纸粘接成长幅，所不同的是卷轴装粘接后需要在纸末端粘接一根比纸略宽出一些的木棒，作为轴心；而经折装则把粘接的长幅以一正一反的折叠成长方形块状，然后在上下两面粘贴上相同大小的硬厚纸板，也可用木板，作为经折装的封面和封底；两者虽都采用粘糊的方法，但一是成圆筒形、一是成长方块形，圆筒形是舒展阅读，长方形是用一支经签翻动阅读。经折装还有一个外套，是四合两开口的套，套是经折装的外包装，因此用料很华丽，尽显经典庄严之气。采用金黄色为主调的缂丝及锦缎、丝绢以及刺绣，绣上福、禄、寿字样和龙、鹤、日、月等图像，将经折装插入套内，一本完整的经折装的装帧艺术形式就完成了，如图3-5所示。

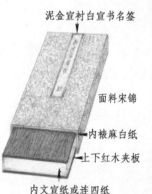

泥金宣衬白宣书名签

面料宋锦

内裱麻白纸

上下红木夹板

内文宣纸或连四纸

（a）经折装外观示意图

（b）竹纸经折装打开内文示意图

图3-5

三、旋风装的装帧材料与装帧工艺

旋风装最初见于唐代的《刊谬补缺切韵》一书。历史上每一种书籍形式的出现总是与上一种书籍形式有着内外的联系，旋风装也不例外。旋风装书从外观上看和卷轴装书是完全相似的，但把旋风装书打开阅读，就发觉和卷轴装书完全不一样了。旋风装书是在卷轴装的底纸上，将书写好的书页纸，按顺序自右向左先后错落叠粘，《刊谬补缺切韵》就是这种装帧形式。旋风装用的装帧材料，是当时写书、抄书最常用的益州的麻纸、蜀地的皮纸、剡溪的纸、宣州的宣纸以及硬黄纸等，但用得最多的是益州麻纸，《刊谬补缺切韵》也不例外。全书24页，除首页是单面书写外，其余23页均为双面书写，所以全书共有47面。每面35行，自40面起每面36行。旋风装的底纸应是两层纸装裱成的，这是为了使卷底纸硬挺一些，易于卷，也易于舒展。打开卷，除了首页裱于底纸上不能翻动外，其余23页均与阅览现代书籍一样，可逐页翻转，而且每页都是双面书写的，这就开了双面书写的先河。

没有页子的出现，也就没有现代书籍装帧，因此，旋风装书对中国书籍装帧史、印刷史、装订史来讲，都占有重要的地位。

四、蝴蝶装的装帧材料与装帧工艺

蝴蝶装书出现在五代，盛行于宋代，是在经折书之后的以册页为形式的最早的书籍装帧之一。当时最受写书人喜爱的、印刷效果最好的是麻纸、皮纸、宣纸和澄心堂纸，尤其是宣纸、澄心堂纸在五代已是名扬天下的优良纸张，宣纸还享有"纸寿千年"的美誉。蝴蝶装当时刚刚出现，理当选用最理想的宣纸供雕版印刷使用。蝴蝶装的特色是充分利用雕版印刷页的特征，将每一印刷页向内对折，文字内容在折缝左右各一页，打开好似蝴蝶的两翼，故称"蝴蝶装"（见图3-6）。

图 3-6　蝴蝶装书示意图

蝴蝶装的装制过程是先将每一印刷页向内对折，按书的印张顺序一张一张折好把它摞起来，然后把折缝这一边取齐，上面用一块木板压上，在木板上再放上二三块砖，让整本印刷页压紧，不留空隙，然后将脊背纸粘在折缝的脊背上，待其干硬后，再用一张较厚的麻黄纸类的厚纸，或用裱有瓷青纸类色纸的皮纸，作书衣（即封面、封底）；在中间用双折形成封、脊、底三面形（▢），再将整书的脊背刷浆，与封面纸的脊背处相合紧，待干硬后将书的三面单口余边连同封面、封底用快刀裁切光，蝴蝶装基本完成。最后将已在泥金纸或玉版宣纸上写好的书名签，粘贴在封面左上角处，全部装制工作结束（见图3-7）。

图3-7　蝴蝶装书《御制资政要览》

五、包背装的装帧材料与装帧工艺

包背装出现在南宋后期，元代时期有很大发展。包背装一出现即被广泛采用，一些经典巨著都采用了包背装的装帧形式。

元代刻书盛行，使中国造纸业进入一个繁荣时期，用纸原料产地、品种、生产技术水平，以及产品的质量和数量方面，都明显地超过隋唐五代时期。宋代时期生产的麻纸、皮纸、玉扣纸（见图3-8）与藏经纸（见图3-9），元代继续生产，同时又采用新原料竹子生产的连四纸（见图3-10），竹连纸与传统的皮纸、宣纸、玉版宣，这几种纸都是写书、抄书和印书的主要用纸，它们提高了印刷效率和质量，推动了中国印刷业的繁荣发展。

图3-8　玉扣纸

包背装的印刷页还是采用蝴蝶装的印刷页，版心左右相对，都是单面印刷。但包背装第一页上左边印文，右边空白；第二页以后版心左右相对，这是因为包背的装制顺序与蝴蝶装略有不同，它从印刷页的折页方法就有区别。蝴蝶装折页是版心对版心，而包背装正好相反，是将印刷页背白对背白，版心向外，蝴蝶装折页口在左，折缝脊在右。包背装折页口在右，折缝脊在左。包背装将右边折页口余纸裁切掉作书脑，沿书脑竖直打四或六个孔，用绵纸作捻穿入孔中砸平，裹上脊背纸粘住书脑处侧，再将书衣中缝处糊浆，粘在书脊背上。须等脊背干燥后，再将书

图3-9　藏经纸

图3-10　连四纸

的上下口余纸裁切掉，贴上准备好的书名签。书名签纸一般采用较好的加工后的熟宣或砑光纸、洒金纸、泥金纸等。在书名签纸上写上书名，粘贴在封面左上角，一本完整的包背装书就形成了（见图3-11）。

（a）包背装书《钦定四库全书》

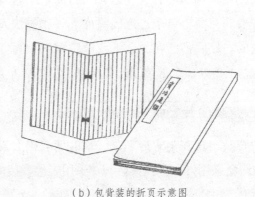

（b）包背装的折页示意图

图3-11

六、线装书的装帧材料与装帧工艺

图3-12　毛边纸

线装书出现在明代万历年间，清代继而盛行，线装书是雕版印刷书籍的最后一种，也是中国古代书籍装帧的最后一种形式。线装书自1368年始绵延至1911年，历时544年，在这544年的时段，正是中国造纸业的鼎盛时期。区域继续扩展，遍及城镇、乡村和山区，造纸产地有安徽、江苏、浙江、江西、福建、广东、四川、陕西、山西、河北等省。纸张是书籍的基础物质材料。线装书出现的历史时期，正是中国竹纸盛行时期，而且产量居全国首位，竹纸品种有十多种，其中一大部分是适应书写的，适应印刷的有毛边纸（见图3-12）、连四纸、竹连纸，还有传统的宣纸与玉版宣。这几种纸线装书都采用过。经过一段时间和社会实践，线装书主要是连四纸和宣纸用得最普遍，这两种纸是最适宜印刷，是装订书籍的常用纸。

线装书的印刷与包背装印刷相同，都是单面印刷，装订折页也与包背装折页相同，不同的是折页口无包脊背纸，全书按顺序折好后配齐，然后前后再各加与书页大小一致的白纸折页作为护书页，最后再配上两张与书页大小一致的染色纸，也是对折页，作封面、封底用。在护书页前后各加一张，与书页折缝处同时戳齐，把天头、地脚及右边折口处多余的毛口纸裁切齐，加以固定，而后离折口约四分宽处从上至下垂直分别打四个或六个空孔，用两根丝线穿孔；一竖一横锁住书脊，便成线装书的装帧形式。然后在玉版宣或绫纸做的书签上写书名，有的书签还画上文武线框，更显得传统文化的朴素、古雅。将写好的书签粘贴在封面的左上口，完整的线装书即形成了（见图3-13）。

a 四眼订   b 六眼订
图3-13　线装书四眼订与六眼订示意图

线装书封面纸，一般采用经染色、施胶、洒金、加蜡、砑光等工艺处理过的宣纸，俗称熟宣纸（见图3-14），书名签纸用白宣纸（见图3-15）、虎皮宣（见图3-16）、玉版宣（见图3-17）等。

线装书每册都不是太厚，否则不易翻阅，一般在50~80面之间。一部著作，往往有几册的、几十册的，如图3-18所示，多者上百册甚至上千册的。因此线装书多数配有函套，有两册、五册和十册装的不同大小、厚度的函套。函套也有两种：一种是四合函套；一种是六合函套。四合函套是前后两头不封口，露出线装书书根，书根上打上卷次字样，放在书柜上可一目了然，很合理也很实用，如图3-19所示。六合套是上下左右前后六面全封口，它的优点是保护线装书不受尘土污损，如图3-20所示。

图3-14　熟宣纸

图3-15　白宣纸

函套制作的材料是硬厚纸板，在线装书时期我国还很少有洋纸板，当时我国生产的是黄色纸板（俗称马粪纸），主要原料是稻草。黄纸板按厚薄编号，序号有1～6个数，每一序号增加0.5mm，一号厚0.5mm，四号厚为2mm，六号厚为3mm。线装书函套一般都用四号或五号黄纸板。函套做成后，包在书的四

图3-16　虎皮宣

周，函套表面裱上棉布或绫、绸、锦等织物，函套背里裱糊上白纸，白纸均比黄纸板面积小 3mm，分贴在套背四面上。函套封面书口处添置上两个骨签，骨签一头尖，一头肥圆，肥圆处开个孔，用函套面料叠成的两条带穿入骨签孔中。书口那面函套上，也用面料制作两个签孔，签孔也用面料将两头插在面料内裱住，如图 3-21 所示。线装书放在函套封底面上，将函套上右与左合上时，用骨签插上签空中锁住函套，函套下切口露出线装书书根上印的书名与册次，放在书架或书柜上一目了然，便于索取，这种四合函套的装帧形式很科学，体现了书籍装帧的实用性和审美性的两个准则。函套上面左上角粘贴上泥金纸、宣纸或绫等其他加工的优质纸做的书名签（见图 3-22）。

图 3-17 玉版宣

图 3-18 中国传统线装书《聊斋志异》

（a）线装书四合函套外观示意图

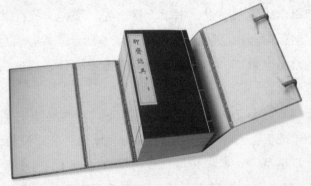

（b）线装书四合函套打开示意图

图 3-19

（a）线装书六合函套外观示意图　　　　　　（b）线装书六合函套打开示意图

图 3-20

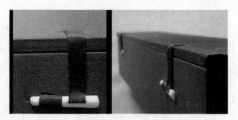

图 3-21　函套上的骨签与签孔示意图　　　　图 3-22　函套封面上书名签用绫纸

第四章　纸张品种

4

唐代的 **纸张** 品种

　　唐代是中国历史上最强盛富庶，又文采斑斓的时代，唐代不但经济发达，国力居世界首位，文化繁荣也是世界公认的。这一时期用纸量的激增推动了造纸业的发展，唐代增加了纸张的品种，供应充足，造纸原料扩大，有麻料、楮皮、桑皮、藤皮、香皮、檀皮、竹料等，纸张品种多达几十种，其中久负盛名的有：益州的麻纸、蜀州的皮纸、剡溪的藤纸、韶关的竹纸、宣州的宣纸，以及硬黄纸、澄心堂纸等。这些纸都是当时书籍的常用纸，不仅手写、手抄用，后来的拓印、刷印直至雕版印书仍被采用。

　　根据书籍内容性质、使用条件、读者层次的不同，书籍载体的纸张材料的性能、品位、审美、实用、纹理、色相、厚薄也都应各有侧重点，使各种性质不同的书籍能够找到相匹配的纸张材料。唐代先辈们在造纸方面作出了很大努力，制造出几十种写书、抄书和印书的纸张。还有不少经过各种工艺加工后的纸：如染色纸、涂布纸、研光纸、纹理纸、泥金纸等，为当时的书——卷轴装、经折装、旋风装、包背装及线装书作裱背、封面以及书名签用。唐代造纸业在我国书籍装帧材料发展中作出很大贡献，并对后来人在书籍装帧材料的改进和创新方面有深远的影响（见表4-1）。

表4-1　唐代造纸原料及纸张品种

原　料	纸张品种	工艺加工纸
麻	益州麻纸	染色纸
楮皮	蜀州皮纸	涂布纸

续表

原　料	纸张品种	工艺加工纸
桑皮	剡州藤纸	砑光纸
藤皮	韶关竹纸	纹理纸
香皮	宣州宣纸	泥金纸
檀皮	硬黄纸	冰翼纸
竹子	澄心堂纸	龙须纸

第二节

雕版印刷书籍装帧材料

雕版印刷从唐代咸通九年（公元 868 年）到公元 1899 年经历了 11 个世纪。

雕版印刷书籍时期，也是我国造纸业发展繁荣的鼎盛时期，纸张品种花色增多，纸张质量不断改善提高，纸张规格幅面逐渐加大，纸张产量成倍成倍地增涨。

产品需求量不断猛涨，促使产品名目增多，按原料定名有：麻纸、楮纸、藤纸、竹纸、桑皮纸及海苔纸等；按质地划分的有：绫纸、薄纸、玉版纸、锦囊纸、矾纸、硬黄纸、澄心堂纸等；以产地取名的有：罗纸、峡纸、剡纸、宣纸、歙纸、池纸等；以制造工艺划分的有：泥金纸、金花纸、金粉纸、松花纸、鱼子笺、五云笺、冷金纸、流沙纸等；其次还有涂布纸、染色纸、纹理纸及砑光纸等。总之这一时期的纸名目之多不胜枚举，其中久负盛名的有：麻心纸、楮皮纸、藤纸、竹纸、宣纸、硬黄纸与澄心堂纸。

唐代的书籍门类主要是佛教、道教、儒教的经籍，历书及文学作品。一种是手写与手抄的书，另一种是新兴的雕版印刷书。除了上面提到的书籍载体纸张装帧材料外，这个时期的背裱与边沿裱口的装帧材料大量用麻纺织类的织品与蚕丝纺织类的纯厂丝、绸、锦等，还有棉纺织类的细布与粗布。卷轴装与经折的轴与封面大多数是硬木材。

第三节

宋元时期的  与产品

宋元时期各地造纸业相继崛起，比较集中的地区如浙江、安徽、四川、江西、福建等地区，浙江一带制造的竹纸和皮纸，表面洁白，质地精良，曾闻名天下；安徽最著名的要数宣纸了，宣纸既是书画用纸，也是印刷最佳的纸种；四川较多的生产皮纸和麻纸，是文人写书、抄书常用纸；江西靖江生产的藤纸最负盛名，是受书画家重视和喜爱的纸；福建盛产竹纸，造纸工业比较发达，刻书业随之兴盛，刊刻的书籍，绝大部分是用当地生产的竹纸，且成本低廉，流通较广。当地坊镇麻沙的刻书规模一直居全国之首，所刊出的刻本世称"麻沙本"。麻沙一带茂林修竹，为雕版、活字版和造纸提供了充足的原料。麻沙附近的北洛里、崇政里皆产黄白纸，用于书籍，本地呼为书纸，用此纸刊印的书，很多得以流传后世，保存完好。一些优质者更为后人奉为善本。

元时期生产的纸张，其中楮皮纸还用于印刷发行纸币，中国是世界上最早发行纸币的国家，早在北宋时期，中国局部地区就已出现被称作"交子"的纸币，到了元代，纸币的使用和大量流通，给造纸业提供了新的发展机遇。

第四节

明代末期活字印刷书盛行

竹纸仍是明、清时期产量最多的纸种，而且品种繁多，名称各异，如连四纸、玉扣纸、毛边纸、毛太纸、毛头纸、顺太纸、大连纸、粉连纸、节包纸、长连纸、粉土纸、厚八才、重纸、圆边纸、黄表纸、二则纸等。

明、清竹纸以江西、福建生产的毛边纸和连四纸最出名，不但流行全国，而且还远销海外。毛边纸纸质细腻柔韧，托墨吸水性能好，既适于书画，又宜于印刷书籍。连四纸产于江西铅山和福建邵武等地。连四纸纸质白净柔软，也是书画和拓帖的最佳用纸。

与明清时期诸多名纸相比，宣纸自有它骄人的岁月。宣纸出现于唐代，经过能工巧匠几百年来的努力改进，到明、清时已经形成了一整套相当完善的生产和加工的工艺，终以其优异超群的质量，成为享誉中外的经典。

宣纸在明代以前都是以 100% 的青檀皮为原料制成的。明代以后宣纸需求量激增，而青檀资源消耗太快，远远不能满足宣纸生产发展的需要，清代便开始改变了传统用料方法，终于寻找出一条新的配料途径，即将青檀皮与沙田稻草按不同比例混合配制成新的造纸原料——"全皮、半皮和七皮三草"。"全皮"指全部用青檀皮，"半皮"指青檀皮和稻草各占 50%，"七皮三草"则指用 70% 的青檀皮和 30% 的稻草混配为料。这种新的用料方法，不仅降低了成本，使青檀皮原料的来源得到切实保证，而且檀草混合的宣纸，在某种程度上比纯檀纸质更佳，纸的产量也随之得到大幅度提高。

清代由于改变宣纸用料比例，使品种更加丰富多彩，宣纸分净皮、棉料、特净三大类。有单宣、夹宣、棉连、扎花宣、罗纹宣等品种。到清嘉庆年间（1796~1820年），宣纸有金榜、玉露、白鹿、画心、罗纹卷帘、连四、公平等。除生宣外，还有经过加工的熟宣，有虎皮宣、玉版宣、蝉翼宣、叠宣，还有透光宣、云母宣、冷金宣、灰金宣、洒金宣、泥金宣、珊瑚宣、冰宣、槟榔宣、素宣、朱笺等各种名目，清代的宣纸可谓品种花色繁多。

宣纸优良的品质和经久不变的特性，到明、清时，是朝廷和官府经常使用的公文、印刷用纸，也是文人喜用的高级书画用纸。清乾隆年间（1736~1795年），乾隆皇帝组织文人编纂了中国最大的一部丛书《四库全书》。其中，四份正本抄录得十分精工，而且一色用的宣纸朱栏。许多流传至今的明清优秀书画作品都是以宣纸为载体。宣纸还被用作发榜用纸，北京故宫博物院所藏清乾隆时代的榜纸，就以宣纸为材料。可见清代前朝，宣纸的产量进入了黄金时代。但清代的造纸业直到清代后期仍停留在手工业生产阶段。

在此时期，西方资本主义国家的造纸业在产业革命后迅速发展起来。他们从中国发明的造纸术中汲取了丰富的营养，创造了更加先进的造纸技术。18世纪中叶以后，欧洲人以新式机械打浆机代替了传统的打浆工具舂杵，以长网造纸机取代了古老的抄纸工具竹帘。手工造纸逐步发展到了机器造纸，西方的造纸技术水平因而提高到了一个崭新的高度。从此，中国造纸业传统造纸技术逐渐衰落。

到20世纪后期，由于我国工业技术发展，也开始用机械生产宣纸，名称谓"机制宣纸"。

第五章　机制纸与机械印刷的出现改变了书籍形式

19世纪中叶以后，欧美各国和日本的机制纸大量倾销中国市场，机制纸品种、质量都胜过国产手工纸。进口的机制纸最明显的优势是可以双面印刷，而且图文依然很清晰，正反两面着墨不透印，印刷纸幅面大于手工纸幅面。由于机制纸幅面大，当时印刷前先把纸对折裁开，俗称对开纸，印刷后可以三折页或四折页。三折页一帖就有8页正反16面文字，四折页一帖就有16页正反32面文字，机制纸使书籍印刷装订更加科学化、规范化，大大提高了书籍出版效率。

清光绪十七年（1881年）洋务派首领、北洋通商大臣李鸿章在上海主持设立伦章造纸局，以后各地也陆续建立机械造纸厂。但造纸设备和造纸原料纸浆均依赖进口，生产不能独立自主，实际上只是一个个造纸加工厂，所造纸张质量也较差，且产量低、品种少。

从民国以来（1912～1948年），当时中国自产的和进口的纸张品种有新闻纸、凸版纸、书籍纸、胶版纸、道林纸、木道纸、铜版纸及圣经纸，还有白卡纸与白板纸。除铜版纸、白卡纸与白板纸外，其他纸都是印文字书籍的常用纸，纸的幅面是当时国际统一的规格：31英寸×43英寸（787mm×1092mm）。另外还有用于书籍封面的彩色书皮纸，有浅米黄、浅粉红、淡蓝、淡绿、浅灰等，幅面规格同正文纸，克重为120g/m²。还有一种用于精装封面与线装书函套的黄板纸，俗称"马粪纸"，它不按克重计，而是按厚度计，如1mm、1.5mm、2mm、2.5mm、3mm等。

机械纸与机械印刷的出现，使原先单面印刷的线装书直排左翻身装订形式改为西方书籍双面印刷横排右翻身装订形式。书籍开本样式也有改变，按整张印刷纸的规格以复数分割，如对开、4开、8开、16开、32开、64开与128开。开出的横竖尺寸比例均符合黄金分割比，非常科学。书籍装订有平装本、精装本之分：平装本是封面与正文上、下、右边一起裁切；精装本是裱纸板的硬封面，封面上、下、右边都要比正文多出3mm，起保护正文书页不被损伤、碰脏的作用。

平装本书籍装帧形式

平装本书籍也有多种装订方法：有骑马订，铁丝平订，用线装订的有缝纫机平订、三眼穿线平订、四眼中缝锁线订、六眼中缝锁线订几种。

一、骑马订平装本

骑马订平装本在清末民初时期出现，是近代机制纸和机械双面印刷书籍中最简便的一种装帧形式，这种书正文用纸一般采用的是 $52g/m^2$ 凸版纸，少数采用 $60g/m^2$ 书籍纸，骑马订封面用纸可选的也不少，常见的有 $80g/m^2$、$100g/m^2$、$120g/m^2$ 胶版纸或涂布纸，也有用各种彩色书皮纸，或用工艺加工过的纹理彩色纸，以及白板纸等。骑马订适合短文章和一些宣传性文字内容的需要。32 开本书大概可排 48~96 面之间。因为书不厚，拿在手上阅读很方便（见图 5-1）。

图 5-1　骑马订平装本脊背上的两铁丝示意

二、铁丝平订平装本

铁丝平订平装本书籍出现与骑马订平装书同时期，这种装订方法，在我国一直延续用到 20 世纪 80 年代。这时期平装本书籍，特别 32 开本的书，一直是书籍装帧的主要形式。平装本书籍是品种最多、印数最大的产品，其中铁丝平订平装本占少部分，因为平装本书还有其他的装订方法。而且由于印刷纸张幅面规格有两种：一种是 787mm×1092mm；另一种是 850mm×1168mm。这两种纸开出的 32 开的书俗称"小 32 开"和"大 32 开"。小 32 开成书尺寸为 130mm × 184mm，大 32 开成书尺寸为 140mm × 203mm。

有了上面这两种规格的书籍正文纸，开出两种不同幅面的 32 开本，这对书籍字数的跨度伸缩变宽了，从 20 万字到 40 万字成书后的书脊厚度以 52g/m^2 纸计算也只有 12~24mm，用 60g/m^2 纸计算也只有 14~27mm 厚，还是很得体的。

铁丝平订的平装书用纸基本上与骑马订相同，但由于铁丝平订平装书字数较多，内容的水平与学术价值一般来讲，要比骑马订的书高，因此作为文字载体的纸张，除了用 52g/m^2 或 60g/m^2 凸版纸，有些平订书改用 60~80g/m^2 涂布纸或胶版纸。80 年代后我国凸版印刷逐步淘汰，因此凸版纸也停产了（见图 5-2）。

图 5-2　铁丝平订平装本示意图

三、三眼穿线平订平装本

所谓三眼穿线平订装是将印刷页折叠成 32 开，按每帖顺序码齐，在离书脑边沿 5mm 左右处，垂直分打三个孔，用双股棉线穿锁住。这种穿线装订法借用了我国传统线装书装订手法，正文页穿线装订后，将事前印好的封面、封底页用浆糊粘贴在书芯的脊背上，然后输送到裁切机上，将书的上、下、右三面余纸裁切掉，一本完整的三眼穿线装订的书就完成了。这种三眼穿线平订法是中国独有的，其正文用纸和封面用纸与铁丝平订装书相同（见图 5-3）。

图 5-3　三眼穿线平订平装本示意图

四、缝纫平订平装本

缝纫机功能在书籍装订上应用，确是一种很好的装订形式，但装订成书后有一个明显的痕印在封面底上露出来，破坏了书封面与封底的平整性，有损美观。比较厚的篇幅，又学术性、文学性、理论性的书谨慎选择。

这种装订的书，正文用纸大多数也是选用 52g/m^2、60g/m^2 的凸版纸，有些在 200 页以上的，正文前选用一种比正文纸克重高的纸，光泽较好的 70g/m^2 以上的胶版纸或铜版纸作环衬，在环三上印扉页用，还可用作插图页。封面、封底用纸克重比插图用纸厚一些，用 80g/m^2 的胶版纸或铜版纸，纸张的选用应各有区别，才能体现书籍装帧形式是从外到内有层次组合而成的（见图 5-4）。

图 5-4　缝纫平订平装本封面上露痕示意图

五、四眼锁线订平装本

以上讲的四种装订平装本，除骑马订之外的三种装订，都是在书脑处正面平订的方法，这三种平订方法都有一个共同缺点，那就是在订口处露痕比较明显。不仅铁丝钉的背和钉脚都在书上露痕，时间长了，受潮引起铁丝钉上锈也是常见的。三眼线订的眼痕与线在第一面和最后一面的书脑处可见到痕迹。为了进一步改善装订质量，于是采用了中缝锁线装订法，其中就出现了四眼锁线装订。

四眼锁线订平装本，在阅读时翻书页既自由又方便，且不易见到四眼和线痕，这种装订始于欧洲，我国最早出现在 18 世纪，由于西方国家到中国传教，他们把锁线软精装《圣经》送给中国信徒。19 世纪末我国商务印书馆成立，商务印书馆印刷的书籍就应用的这种中缝锁线装订方法，在较厚的平装书上也采用四眼锁线装订，由于这种装订方法较先进，因此重要的书、内容较多的书都采用这种中缝锁线装订。这种装订还有一个优点，无论书薄、书厚在阅读时翻页很自由，书放在桌上和书框内都很平整，雅观得体（见图 5-5）。

图 5-5　四眼锁线订平装本中缝丝线示意图

四眼锁线装订的书，正文用纸除了用 52g/m^2、60g/m^2 凸版纸外，还采用 60g/m^2 和 70g/m^2 胶印纸，封面用 70g/m^2 或 80g/m^2 胶版纸或铜版纸，也有用彩色书皮纸的。这需要出版社针对书的装帧要求和定价作出不同选择。

六、六眼锁线订平装本

六眼锁线订（见图 5-6）与四眼锁线订的方法相同，那为什

图 5-6　六眼锁线订平装本中缝
　　　　丝线示意图

么有了四眼锁线订，还要六眼锁线订呢？我前面已经提到了我国纸张幅面不同，同样的 32 开就有小 32 开与大 32 开之别，六眼锁线就为了适应大 32 开而出现的，这完全是为了保证书籍装订质量牢固结实、经久耐用的需要。书籍无论是正文用纸，封面装帧材料与印装工艺技术，出版单位除了考虑作家的作品价值外，还要考虑在材料与工艺技术方面的投入需要，尽量符合科学，尽量为读者着想，这是书籍出版有关单位的共同职责。

以上介绍的六种平装书的装订方法，细心的读者可以觉察到这六种书有三个共同点：（1）平装书封面都是软质纸；（2）书的上、下、右三边连同封面都是一起裁切齐的；（3）所有的装订都有孔，无论是铁丝订、穿线订、锁线订，没有孔成不了书。但随着科学技术的进步与发展，无线装订出现了，术语谓"热熔胶装订"，这种装订方法是先在书脊背处锯上一连串缺口，然后在脊背上烫上热熔胶，热熔胶厚度在 1~1.5mm，最后包封面成书。

本书主要是讲装帧材料，为什么提到装订工艺技术内容，这是因为这两者之间紧密相连。在中国手抄纸时期，书是用浆裱糊而成的，例如卷轴装书、经折装书、蝴蝶装书等，手抄纸薄而透，当时都是单面印刷，因此装订采用浆裱糊方法。到了机制纸出现，机制纸白而不透，可以双面印刷，因此书的装订也随之有所改变，出现打孔装订，以铁丝骑缝装订与铁丝平订装订，用棉线穿线装订与棉线缝纫装订，以后又用丝线锁线装订，这些方法的渐变，使书更精细平整、坚固耐用，让读者阅读时翻页更自由方便。

封面、封底加勒口 平装本

　　前面介绍了六种软纸质封面平装本的装订形式，现再介绍几种属软硬面平装本的装订形式。软硬面既不同于软纸质封面平装，也不同于硬纸面精装，但仍属于平装本这一类。

一、将封面、封底印页宽度扩大

　　最理想的面积应是封面宽度的 60%~80%，也有小于这个比例的，这要看出版社在纸张开数计算时的做法了。将扩大部位的纸折向背白面，这就使封面、封底翻口有了两层封面纸，折过去的这部位俗称"勒口"，不仅增加了厚度，也起到了防止封面、封底起皱或破损的作用。

　　这种加上勒口的封面、封底页，不能直接粘贴在毛坯书芯上，必须先将毛坯书芯外切口全纸先裁切掉，才能输送到上封面这道工序上，将折好勒口的封面、封底页折口对齐书芯外切口这边，才能将封面页的书脊与书芯的脊背粘贴住，在裁切机上，将书上下口的余纸裁切掉，一本完整的、有勒口的软硬面平装书就完成了。

　　这种封面、封底加勒口的平装本书（图5-7），在装帧材料与装订工艺技术方面有两个档次：一种是与普通平装封面用纸相同或相似；另一种则选择用较高级的纸张材料，多数是选用克重大的亚光铜版纸，常见的有 $128g/m^2$、$157g/m^2$，甚至于用 $200g/m^2$、$250g/m^2$ 的，封面印好后还加压亚光膜，在装订工艺技术方面也会增加某些工序，如在正文前粘贴上单页或双页的工艺加工彩色纹理纸，作为内封或环衬连扉页，封面靠近书脊的书脑处还要加一道压暗线的工序，让读者阅读时易于翻启封面。总之，书籍无论是哪一种装帧样式，设计人员都应在选择装帧材料与装订工艺技术方面认真考虑推敲，同时还应注意书籍的实用功能与审美功能，以满足读者阅读与欣赏的要求。

二、增加空白假封面平装本

在正文书芯外包上一张空白的、克重高的白板纸。白板纸有两种：一种是单面白，反面为灰色；另一种是双面白。也有用双面白的卡片纸或用 157g/m²、200g/m²、250g/m² 亚光铜版纸作假封面用的。所谓假封面，是白纸上什么都不印，既没有文字，也没有图像，就是白纸面。然后将假封面的书脊对着书芯脊背用热熔胶粘贴住，连同书芯将外切口余纸先裁切掉，把事先印好的封面、封底加宽扩大的印页，把扩大的部位背白对背白折成勒口，将印页的书脊粘贴在假封面的脊背上，然后将封面、封底的勒口折在假封面、封底的白板纸内，将它输入到裁切机上，将书的上下口余纸裁切掉，一本完整的软硬面平装本书就成型了（见图5-8）。

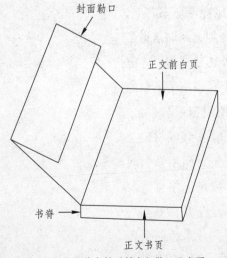

图5-7 平装本封面封底加勒口示意图

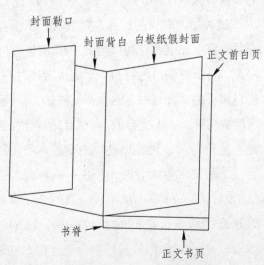

图5-8 平装本加一张白板纸作假封面示意图

精装本书籍装帧形式

　　所谓精装书，主要是它的封面、封底不是软纸质的，而是用硬厚黄纸板上裱糊道林纸或铜版纸。早先还没有加工的彩色纹理纸，除了用纸裱，还有用棉布、麻纱布、绢丝绸等丝织品以及皮革裱黄纸板的。

　　精装本与平装本的书最明显的不同除了封面是硬纸板外，还有一个显著的区别就是封面和封底比书芯上、右、下三面宽出3mm。其次精装书在正文前后还必须增添一张对折成双页的环衬纸。它是起封面、封底与书芯的连贯作用，环衬共四面，而环衬的一面必须全部刷上浆糊粘贴在封面、封底的背后，在粘贴的同时将书芯脊背上的纱布一起夹在封面、封底背与环衬之间，成书后书芯与封面之间更加牢固耐用。

一、锁线软面平脊精装

　　所谓软面精装（见图5-9）是指封面、封底的裱背纸并不是硬厚纸板，而是半硬性质的薄纸板，例如用250g/m²以上的白纸板或1mm厚的做书套的黄纸板作封面、封底，将事先印有文字与图像的封面的铜版纸或胶版纸裱贴在薄纸板上。除用纸裱外，也有选用棉、麻、丝的纺织品裱的。这种软面精装平脊订，书脊与封面之间一般不起烙沟槽，只是与前后环衬粘贴住，封面、封底的上、下、右三面比书芯宽出3mm作为飘口，易于翻启封面，因为封面采用的是薄纸板，翻启时有一定的弹性感，阅毕后，封面依旧会还原平整的状态。

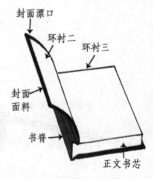

图 5-9　锁线软面平脊精装本示意图

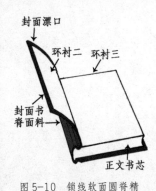

图 5-10　锁线软面圆脊精
装示意图

二、锁线软面圆脊精装

所谓圆脊订，是相对平脊订而言的，把原平脊的书芯脊背，经过扒圆机左右扒动成半椭圆脊背（见图 5-10），于是封面、封底的薄纸板与书脊脊口处须空出约 8~10mm 作为翻封面时的烙沟槽。装订增加这道工序，是为了翻阅书页时自由舒顺的需要。所以凡是圆脊的精装书，即使是薄纸板的软精装，在封面的裱料上也很讲究，除了上面平脊订提到的面料外，还有用各种精加工的皮革封面面料，在封面上进行文字图像的工艺加工也会采取高难度的技术与附加材料，在下文硬面精装中会举例详细介绍。

三、锁线硬面平脊精装

硬面精装书（见图 5-11）的书芯都是中缝锁线订的，书芯三边裁切后在书脊脊背的天头、地脚处粘贴上丝织堵头。无论书的内文量有多少，锁线成型的书厚薄相距很大，薄的只有几毫米，厚的有 20~40mm。硬面精装封面、封底用的是硬厚纸板，厚度在 2~3mm 之间。作封面、封底的厚纸板开切尺寸，要比书芯上下各宽出 3mm，而左右却要比书芯少 5mm，这是因为封面、封底纸板与书脊脊背处中间要留出 10mm 作烙沟槽位置，使封面、封底套上书芯后翻口处比书芯多出 3mm，便于阅读正文内容时自由顺畅地将硬封面翻启到书脊脊口处。

图 5-11　硬面平脊精装本

硬面精装平脊精装本（见图 5-12）的封面、封底纸板在裁切好后，在裱糊面料前还要准备好书脊用的厚纸板，书脊纸板一般采用与封面同类的纸板。裁切书脊纸板应比书芯上、下、左、右各宽出 3mm，通过裱糊封面面料后，才能使封面、书脊与封底形成一个完整的硬面精装书的书壳，书壳压平待干燥后，方能进行烫压印等工艺技术的加工。

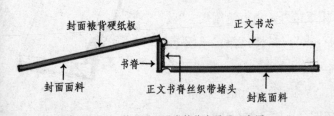

图 5-12　锁线硬面平脊精装本展开示意图

四、锁线硬面圆脊精装

图 5-13　锁线硬面圆脊
精装本

锁线硬面圆脊精装的书（见图 5-13），是西洋书籍传统的一种典范性的装订形式，当时西方国家的宗教用书、官方的重要典籍，以及文学艺术名著等，无不选用硬面圆脊精装形式的装订工艺技术。这种形式也有各种档次的区别：一是附加件内容；二是装帧材料；三是工艺技术。

（1）所谓附加件内容，是指硬面精装书封面外附加的材料，简单的有加一条纸质腰带，腰带一般为封面高度的 1/3，其长度是封面＋书脊＋封底＋前后勒口。

再有一种，是加一张纸质包封将封面书脊封底全部包上，前后还要加出适当长度的勒口把它折进封面、封底内固定住（见图 5-14）。

图 5-14　硬面圆脊精装本
加包封

还有采用白纸板作书套的（见图 5-15），讲究的采用灰色或茶色 1mm 厚的纸板作书套（见图 5-16）。书套是单面开口，将精装书套进去可以露出精装书的书脊内容。开本大的书，会选用 2mm 厚的灰板纸作书套，还会选用各种不同材质的纸，或棉、绸、麻等纺织材料裱糊在书套上，也有用 PVC 涂塑材料裱糊的（见图 5-17）。

图 5-15　硬面圆脊精装本加白
板纸封套

附加内容除了腰封、包封、书套，还有一种六合函盒装，函盒一般都是用在开本较大、比较贵重的精装书上，函盒选用 2mm 厚灰色或茶色的硬纸板作内衬，外面用宋锦裱糊，盒面上以烫金的方式烫印书名与图像标志（见图 5-18）。

（2）所谓装帧材料品值，是指装帧材料本身的文化品位、艺术品位的审美价值，以及装帧材料的实用功能价值与经济价值。这三种价值综合的平衡性或侧重性使材料表现出高、中、低不同档次。国内生产的与欧美进口的，在质量方面与价格方面都还有差别。所有这些因素在选用材料时应从装帧整体上认真考虑，既做到符合需要，又做到切合实际。

图 5-16　硬面圆脊精装本加
1mm 黄纸板封套

（3）所谓工艺手段精简，是指精装书的印装工艺技术水准高、精、细的程度而言，首先看精装书正文文字与图像的清晰度，墨色前后均匀，页码位置对准，封面上烫印准确，压印深度到位整齐，烫金、银、电化铝文字笔画清楚，不断笔、不模糊。在装订上，封壳与正文书芯套合不松不紧，环衬与封壳三面飘口均匀，各露3mm，封面、封底与书脊之间的烙沟挺直，不皱不弯，书芯脊背上下堵头带不短、不长，书脊扒圆椭圆度明显，翻阅后还原性好，包封与精装书之间合身，勒口长度适宜，起到护书的作用。完全做到这些就是"精"，做不到或部分做不到就是"简"。

锁线硬面精装圆脊订（见图5-19），正文锁线方法与精装平脊方法相同，则是锁线后要加一道扒圆工序，将书脊扒成椭圆形并在脊背左右锤出槽耳。封面书脊封底裱糊书壳与平脊本略有区别，主要在书脊方面，精装平脊本脊背上裱的是与封面硬厚纸板相同的材料，而精装圆脊本书芯脊是椭圆形的，因此书脊脊背上贴一层纸，常见的是贴同样宽的牛皮纸或白色胶版纸。书壳封面、封底硬厚纸板与书脊之间依然空10mm，书芯套进书壳后，作为封面上的烙沟槽用，翻阅封面时可以将封面翻到书脊边缘，使封面可以摊到桌面上。硬面圆脊精装书并列陈列书柜内，如图5-20所示。

图 5-17　硬面圆脊精装本加2mm灰纸板外裱装饰纸封套其他纺织材料的书套

图 5-18　硬面圆脊精装加2mm厚灰纸板六合函套外表宋锦盒面上镶嵌金属印书名与标志

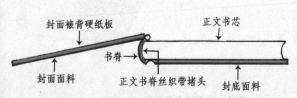

图 5-19　锁线硬面圆脊精装本展开示意图

图 5-20　硬面圆脊精装书脊并列示意图

第六章　中国的装帧材料历史概况

6

建国初期的装帧材料情况

20 世纪 50 年代初，我在人民出版社美术设计科从事书籍装帧设计。记得当时的纸有：凸版纸、新闻纸、书籍纸、木道纸、道林纸、铜版纸、字典纸、地图纸、白板纸。还有一种作精装封面用的马粪纸，即黄板纸，马粪纸有单层的，还有裱两层的和三层、四层的，厚薄不同，可以选择应用。还有几种精装面料：光面漆布（硝化棉）、压纹漆布，还有一些零星的拓裱好的精装面料：如绫裱纸、丝裱纸、绢裱纸、布裱纸等材料。这些纸样就是当时建国初期的书籍装帧材料情况。

一、试制平装封面专用材料

由我设计的党、政、人大、政协会议报告与文件出版于 1953 年，封面用木道纸印四种不同色相底色区分，但每印一次，色相都有差异，由此我想试制四种色相的封面专用纸，经人民出版社出版部主任赵晓恩的大力支持与批准，我带着他写的介绍信和四种标准色相样去济南造纸厂与生产线上的工程师一起合作，将原纸浆中加进色浆，生产出双面彩色平装封面纸，经试印，效果很好，并批准为纸库常备彩色封面纸。

二、试制精装封面专用材料

1954 年出版的《列宁全集》精装本封面是由我设计的，考虑到其总共要出版三十九卷，出版周期长达 10 年，这就给材料选择上增加了难度，为了使材料的表面品位适应《列宁全集》这类马列主义经典政治著作，我要考虑封面材料材质、颜色、工艺加工的一致性，材料的实用性、耐磨性与不变色，还要考虑材料在触摸与视觉上有厚实、稳重、庄重、朴素感。具备以上这种条件的材料作《列宁全集》封面材料就很理想了。

但当时可选择作精装面料的专用材料和代用材料，几乎都不够理想。专用的精装书面料硝化棉漆布，油光锃亮太俗，代用的材料棉布欠庄重，丝绸又太华丽，亚麻布纹理清晰自然，比较理想，但染深色着色力差。于是考虑试制新品种，我开始调研漆布生产工艺流程、涂料成分、底布材料，最后掌握到的资料是：底布是漂白棉布；涂料是硝化棉加色浆；工艺流程是在涂布机上第一步工序先将棉布表面的毛烫掉，第二步至第八步工序是将硝化棉涂料一层一层地涂上，直到布底全部覆盖不露布纹为止，第九步工序是用钢辊冷压平整，最后一步工序是用不锈钢花纹辊压花纹，前后总共经过十步工序。

在观察漆布生产的十步中，我发觉涂布的第五六步中，涂布效果有一种自然朴素的美，既见到布底纵横织物线交叉处凸起，涂料在织物线交叉四周空隙中填实，又见布纹和涂料，既见布的白色，又见涂料的颜色，但色差太大，布纹太细，效果还差强人意。如果这两点得以改进，这种自然朴素的美观很合适政治类书籍装帧品位。经过认真地分析推敲，我决定将底布棉布改换亚麻布，亚麻布经纬线粗细不均匀，有一种自然美。亚麻布深色染不上，只能染成中性色，硝化棉涂料成分不变，只是加添褐色染料，再增添少量滑石粉，使涂料油光减弱。涂布工序改为5~6次，将涂料填满在亚麻布空隙中，露出亚麻布经纬线交叉点即止，最后用不锈钢辊冷压一次，将涂料与亚麻布交叉点同时压平整。试制出的样品，在视觉上色彩纹理有朴素感，在触摸上有细微的自然材质感。由于涂料分布成散点状就不存在整体结膜，避免了涂料氧化开裂的弊病，比原漆布更耐用、实惠，在成本上，因减少三次涂布工艺，涂料比原漆布节省三分之一。这次试制的新品种，是由装帧设计工作者提议并参与自创的产品，产品称为"漏底漆布"。《列宁全集》精装本封面首先采用（见图6-1），从第一卷至三十九卷全部专色定产。"漏底漆布"是我国精装书籍封面面料的第一种专用材料，是我国书籍装帧专用材料第二次试制成功的产品。

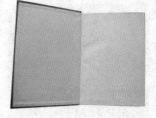

图6-1 试制精装面料硝化棉漏底漆布（列宁全集封面）

三、试制压纹胶版纸

1979年我请通州造纸厂试制压纹胶版纸，该厂初次试制出的压纹纸纹理太细、不清晰，于是我通过国家出版局，特为该厂申请到外汇，从日本进口四根不锈钢花纹滚筒，试产的压纹胶版纸经《出版工作》封面采用后，就正式批量生产供应各出版社使用。《中国大百科全书》精装本的前后环衬（见图6-2）采用了该厂首批生产的压纹胶版纸。从第一卷至七十四卷，供应了十四年。

图6-2 试制钢辊压凹凸纹胶版纸（中国大百科全书环衬）

四、试制精装用纸板

1980年以前，我国高档的精装书裱背用的灰纸板，都是用外汇从国外进口的，因此邀请了通州造纸厂试制精装用的纸板，但多次试制均不合格。后邀请到辽阳造纸厂协作，将该厂生产的工业纸板调整配料成分，要求硬度、密度、重量全面改进，根据书籍装帧的需要，纸板密度松软，重量尽量减轻，正反两面平整，颜色改浅灰色，辽阳造纸厂试制的纸板经测验：纸板裱糊面料干燥后不发翘；经烫压印工艺加工后，可塑性良好（见图6-3）。辽阳厂这个精装书籍用的纸板新品种不久便就受到了出版、印刷界的欢迎，全国精装书籍几乎全换用了辽阳纸板，把多少年来一直用的黄板纸（马粪纸）淘汰掉。由此，我国有了自产的精装书专用灰纸板，为国家节省了大量外汇。

图6-3 辽阳造纸厂试制生产的精装书裱背专用灰纸板

五、试制精装封面专用 PVC 材料

1981年我为《中国印刷年鉴》创刊号作装帧总体设计时，又

激起我试制精装书面料的热情。之前试制的"漏底漆布"面料的原化工材料是硝化棉,"硝化棉"是 20 世纪 30 年代美国商品溶剂公司开发的,20 世纪 60 年代后国外渐渐以 PVC 代替硝化棉为原料的装帧专用材料问世。而我国精装装帧面料还没有更新换代,于是想试产 PVC 装帧专用材料。当了解到北京房山有一家建筑装饰材料厂有一套生产 PVC 壁纸设备的工艺流水线,于是我去该厂走访,参观生产壁纸工艺流程。我翻阅了壁纸样本,感觉视觉效果不错,但用手触摸感觉糙硬,于是我就向厂方建议将原涂料化工成分改性,减弱硬度,增加柔软度,达到适合精装封面烫压印可塑性需要。为了圆满达到这个要求,我还邀请上海印刷研究所有关人员一起参与研制,终于试制出第一批 PVC 装帧封面专用材料。并在《中国印刷年鉴》(1981)创刊号封面上首次使用。接着《当代中国丛书》150 卷 218 册的封面也采用该厂生产的 PVC 装帧封面专用材料,每年定产一批,共用了 15 年。《中国出版年鉴》、《新中国文艺大系》精装本封面也相继采用(见图 6-4)。

(a) 国产咖啡色 PVC 涂塑纸

(b) 国产蓝色 PVC 涂塑纸

(c) 国产翠绿色 PVC 涂塑纸

图 6-4

改革开放引进国外装帧材料

进口的国外装帧材料，之所以能在短时期内占领我国市场，是由于它自身具有市场竞争力的三个基本优势：一、材料表面有良好的美感和舒适感，闪烁出时尚审美值；二、材料质地坚韧细密，柔软易折，裱糊服贴，烫压印实用性强；三、纹理色彩多样，克重规格和价格档次多样，有很大选择范围。

引进国外书籍装帧纸张及其他材料如下。

一、涂布纸

涂布纸又称铜版纸。铜版纸是我国书籍、期刊、画册、画报、艺术作品集及其他宣传品的专用纸。用量很大，其中除了双面光铜版纸外还有无光铜版纸与压纹铜版纸。铜版纸的定量有 $80g/m^2$、$100g/m^2$、$120g/m^2$、$150g/m^2$、$180g/m^2$、$220g/m^2$ 等。铜版纸由于涂布量的差别分三个类型：第一类即铜版纸；第二类是中涂纸；第三类是轻涂纸。

现在我国自产的铜版纸质量已有了很大提高，但还不及进口的质量，因此国内纸业公司每年还要大量进口铜版纸，供出版单位印制高档的艺术画册与摄影画册。

二、新闻纸

新闻纸又称白报纸，主要是供应报纸印刷使用，也有一些期刊选用白报纸的。生产定量为 $48.8g/m^2$、$45g/m^2$、$36g/m^2$。产品为卷筒纸，吸墨性要好，适应高速轮转胶印，抗张强度要高，印刷过程中不易发生断纸。报纸都是两面印刷的，要求新闻纸应具有较高的不透明度。新闻纸不宜久存，否则便发黄变脆，尤其在阳光下发黄变脆的速度很快。所以，这种纸不宜印制需要长期保存的书籍。

三、超级压光纸

超级压光纸在国外称作"SC纸"，是非涂布印刷纸。但它的平滑度和光泽度比轻涂纸要高，这种纸是通过超级压光得到的。所以称为超级压光纸。这种纸我国还处在研发阶段，因此我国多年来使用的超级压光纸全是进口产品，超级压光纸密度比其他印刷纸大，同样的克重下比其他纸张要薄、比较软、挺度小，印刷时的墨量比较小，常用来印刷彩报、发送广告等。其定量有 $45g/m^2$、$48g/m^2$、$52g/m^2$、$56g/m^2$、$58g/m^2$ 和 $62g/m^2$ 等。

四、雅莲纸

雅莲纸（见图6-5）又称麻布纹纸，这种麻布纹完全仿照亚麻纺织纹理，交叉处起伏明显，触摸感很好，除原纸白色外还有各种色彩的麻布纹，这种纸不是书籍正文印刷用纸，多数是用作书籍封面。这种纸在我国最初采用时也是从国外引进的产品，很受书籍装帧设计者青睐，不少精装书籍采用这种纸作为封面面料，或作包封以及环衬、插页等。在视觉与触觉审美值上显出它那种无光泽的、自然朴素的棉麻纺织品的文化品位。

图6-5 雅莲纸（布纹纸）样

五、蒙肯纸

蒙肯纸（见图6-6）是一种轻型胶版印刷纸，这种纸的紧度比较小，松软度较大，同样定量下比一般双面胶版纸厚度大。这类纸是由瑞典蒙肯公司开发的产品。蒙肯纸没有经过漂白，大多是很浅的米黄色，用来印刷一些古色古香和一些艺术性很强的书籍，以及印刷一般书籍正文均很理想的一种正文用纸张。蒙肯纸

图6-6 蒙肯纸样

至今还必须从国外进口。

六、刚古纸

刚古纸（见图6-7）是国际上较著名的印刷纸，这种纸轻、厚、密度较小，原纸白色对着光照，可见纸中的水印横条与刚古品牌字样。这种纸未经超压只是一般轻平压整饰，保持原纸的无光泽的糙松横线网痕，刚古纸的定量与其他纸相同时，厚度要大一些，挺度也比同样厚度的纸更硬挺，有一定弹性，页数较少的艺术画册类书，成书后画册也有一定的厚度，装订平脊精装或圆脊精装的画册，依旧体现出画册的品位。

图6-7　刚古纸样

七、精装灰纸板

精装封面灰纸板（见图6-8）有2mm、3mm厚两种。这种纸板优点是纸板纤维松软，吸水性好，裱糊面料和粘贴环衬干燥后不发翘、不伸缩、平整硬挺，封面上加烫压印工艺塑性好，深浅线条清晰，浮雕式头像或图案层次细腻，被国内出版界、印刷界赞誉，从而每年大量进口，逐步淘汰了我国原用的黄纸板。当年出版的《中国大百科全书》精装书裱背即采用了进口的灰纸板。

图6-8　用3mm厚灰纸板精装
裱背的《中国大百科
全书》

八、涂塑纸（PVC）

PVC涂塑纸（见图6-9）用于裱糊精装封面，它确实是一种非常时尚的装帧专用材料。PVC涂塑纸的色彩与纹样非常丰富，适合各种类别、不同品位的书籍的设计，选择的宽容度很大，塑料纸裱糊精装封面很服贴，表面受烫压印工艺适应力强、可塑性好，是装帧材料中应用较频繁的一类产品。

九、棉纺布纸

棉纺布纸（见图6-10）是将各种棉纺织品与纸张复合，作为精装封面材料产品，60年代初曾从日本引进过该产品，我国

图6-9　意大利PVC涂塑纸

自产的棉织物质量不比日本差，印染质量也很好，复合工艺我国造纸厂的复合机也能解决，因此我国自产的棉纺布纸产品替代了进口产品。

图6-10　日本棉纺布纸样

十、冲皮纸

美国吉姆斯公司生产的凯维斯涂塑纸（见图6-11），其纸底和涂料质量较好，90年代大百科全书出版社组织翻译出版中文版《不列颠百科全书》（20卷）封面材料为了与原英文版取得一致，特从美国进口吉姆斯公司的黑色凯维斯PVC涂塑纸，黑色表面呈中性光泽，压出细沙散点纹理，近似黑色皮革，故称冲皮纸，书名烫金电化铝，书脊上加烫红蓝粉箔色块，效果很好。

（a）美国黑色蛋壳纹PVC冲皮纸制作的封面

（b）美国吉姆斯公司生产的凯维斯涂塑冲皮纸

图6-11

十一、特种工艺加工纸

特种工艺加工纸（见图6-12）又称美术装饰纸，采用各种色彩和各种纹理辊压成的纸张，最早从新加坡和欧洲引进。它有多种类型、多种规格、多级定量，选择范围很宽，不仅适合书籍装帧应用，也适合广告、包装、宣传品等。该纸适应凸版、平版印刷，我国不少出版社将这种纸作为平装本书籍封面材料使用，也用作书籍的环衬或扉页，较多地作为纸面精装封面面料或包封使用。其外观与实用效果较佳，这种加工纸没有光泽，显得自然、朴实，且有文化品位。文化类、学术类、艺术类和理论类选用这种纸张的频率较高，用纸量还在逐步增长。

图6-12 特种工艺加工纸纸样

第七章　装帧材料的作用与价值

　　从书籍形态演变过程来分析研究，不难看出：书籍载体材料的质地与性能的不同；书籍载体材料的应用与组合的不同；采用工艺与加工方法的不同是书籍装帧材料的主要研究对象。

　　先辈们在古代生活与生产活动中，已经具有明显功利意义的物质活动中包含着精神活动的成分，比如狩猎、耕作，这看来是为了自身生活所需要的物质生产活动，其实这种活动的同时已具备着相应的精神活动作用和性质，每个人员在狩猎或耕作过程中所表现的机智、勇敢、相互配合，以及相应的经验及巫术观念不就是属于精神方面的活动吗？而当人们将这些精神活动作为功利意义需要在族群中传授，先辈们就以图形、图像、符号刻划在山谷石壁上，成了人类文化思想精神的载体，以后又利用各种容易获得的原生态物质材料，作为记录人类文化思想精神的载体材料。当图像、符号、文字刻划在各种物质材料上，例如陶器、龟甲与兽骨、青铜、竹片和木片等，这些物质材料都曾是书的载体。我们可以说，没有物质材料作载体的书几乎是不存在的（除了最原始时期用口说书）。就目前高科技时代，大量书籍的生产依然离不开物质材料作载体，但已不是最初那种直接利用原生态物质，而是经过现代科学技术手段将原生态的物质，例如木材、芦苇、竹子、稻草、麻、蔗等，粉碎成粉末，用化学方法处理，制成木浆，经过圆网或平网将浆中水分滤尽，留下一层薄薄的、极细的纤维，烘干成各种不同品种规格的卷筒纸，再经过裁切机切成一定规格的印刷用纸，作为现代书籍的主要载体的物质材料。即使目前的电子书，它仍然要有依附载体的物质材料。在我国出版工作体系中将这些材料称为"书籍装帧材料"。

装帧材料是书籍形态的物质基础

一、文化思想作品的载体

所谓文化思想，那是人们从生活、生产实践中获得的经验和知识，人们在获得知识时不仅认识了自然界，认识了社会和认识到自身的心灵和智慧。这个认识过程就是文化思想的活动，把文化思想活动用语言文字表述，就产生了文化思想作品。将原创的作品，利用现代印刷科技手段，转化为印刷字体，编排成书籍版面定格在印刷纸上，形成了物质材料作载体的书籍形态。可以阅读、可以流通、可以收藏。起到了传播知识、宣传思想的作用。

在现代书籍出版方面，书籍的类别众多，书籍内容性质也千差万别，书籍用途也有区别，书籍阅读的环境也不相同，书籍的受众者从幼儿、少儿、少年、青年、中年、老年以至暮年，其年龄和素养也有所差别等。

怎样使这种种不同的差别与要求合理解决，这对书籍出版工作来讲，是一项系统工程，首要的是解决文化思想精神作品的来源，将精神作品整理加工，消灭其中的瑕疵，形成书籍原料。其次是准备好各种适应文化思想精神作品的物质载体材料，能够满足各种书籍形态的实际需要。由此，不难看出，精神作品形式的书籍原料，还不能算是书籍产品，只有将书籍必要物质材料作为书籍原料的载体，把作品内容以印刷字体定格在载体上，才能形成具象的书籍形态，文化思想精神作品才能发挥出它应有的社会功能。

二、装帧设计创作的舞台

人们从视觉中能感受到书籍装帧材料的表面色彩、纹理、光泽等方面的视觉审美愉悦感，而且从触觉中同样能感受到书籍装帧材料的质地细腻、柔软、韧性等触觉舒适感。视觉与触觉获得的感受就是装帧材料本身具有的审美价值。书籍装帧材料还要经受印刷工艺技术适应程度的检验，成书后读者使用中的适应度与耐久性的考验，才能体现材料的实用价值。审美价值与实用价值的高与低决定书籍装帧材料经济价值的高与低，凡是所有的装帧材料都具有它自身的三个价值。

书籍形态一般都不是采用单一的装帧材料，多数是选择多种装帧材料进行组合，以解决开本、精装或平装、封面、环衬、扉页与正文等各部位的艺术设计与技术设计，同时决定装帧材料的选择。

三、印刷工艺特征发挥的对象

所有的书籍装帧材料都需要经过印刷工艺技术的实践，才真正显示出装帧材料是语言文字精神文化的理想载体。因此，要求各种装帧材料都必须首先具备对印刷工艺技术的适应性。作为印刷也必须具备对各种书籍装帧材料进行印刷工艺加工和自由发挥的适应性。不但做到与原稿相似，而且在某种情况下还可以做得比原稿更精美，色彩更丰富，层次更清晰，这才是印刷工艺技术特征的最可贵之处。也证实了现代高科技印刷设备和印刷工艺的先进性，满足驾驭各种类型书籍的要求和其他特种印件的复杂性及难度大的印刷要求，从而表现出印刷工艺确有其自由发挥的宽容度这一技术特征。

当然，印刷工艺技术特征并不是使所有在印刷中出现的问题都得到解决，但用认真重视的态度来认识理解印刷工艺技术特征，并尽量努力发挥它的特点，是能够解决一些有难度的问题的。我从事出版工作并与印刷打交道60余年，通过自己的努力解决了不少当时认为不可能解决的难题，所以我写此书时特写上了这一节——印刷工艺特征发挥的对象。

四、装订工艺与技术的立足点

书籍装帧材料是书籍形态的物质基础，无论采用哪种类别的装帧材料，无论是采用多少种不同性质的装帧材料组合，它们都属于书籍形态的物质基础。选用多种材料必须要有顺序地搭配、组合、折页、贴页、套页成为一帖一帖可装订的配件，把所有成帖的配件按序合成书籍毛坯，然后将毛坯上、下、右三面余纸在裁切机上切掉，一本完整的书籍就此产生了，这道裁切工序是整个装订工艺技术的最后一道工序。

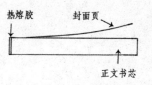

书籍装订是形成书籍形态的最后一道工序，这道工序很重要，对装订工艺技术要求也很严格。首先是书籍的各种数据必须准确、到位，一点都不能疏忽，一旦疏忽很可能使成书作废或返工，将书页拆散以致重新换页装订，不仅费工费时，还会在不同程度上损失部分装帧材料，造成经济上的损失。

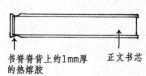

书籍装订是将书籍装帧材料经过印刷工艺技术，将语言文字及图像转移到装帧材料上，并形成载体。书籍装订的工序就是把书籍各部位的不同载体材料按次序配搭，例如封面、环衬、像页、扉页、题词、目录、序言或前言、正文以及正文中的插图等。根据各种书籍的内容页数，选择以下几种装订方法：页数少的采用铁丝骑马订；页数多的采用铁丝平订或穿线平订；但这两种平订方法正在逐步淘汰。中缝锁线订还在应用；目前普遍应用的是胶订（见图7-1），即在书脊上用热熔胶黏合，胶厚约1~1.5mm，有柔韧性，翻阅书页时有柔软感，各类书籍多数已采用这种装订方法。它的优点是成书后其脊背平整美观，并且不受书页多少的限

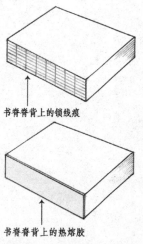

图7-1 热熔胶装订示意图

制，不少杂志、期刊及其他文化产品也广泛采纳使用。可见热熔胶装订工艺技术是当前最先进、最方便的装订，它不受装帧材质性能的影响，不论装帧材料厚薄组合，书籍开本的大小与页码的多少，热熔胶都可以做到，它是装订工艺与技术的立足点。

第二节

装帧材料的三个价值

装帧材料从材料本体的构成元素剖析，可以量化的着眼点有三个方面：一是材料所反映出来的实用宽度与功能强度的实用价值；二是材料质地表面的视觉与触觉的审美价值；三是材料与前两个价值之间产生的经济价值。

一、实用价值

装帧材料的实用价值是指其具体应用范围、应用效果、应用环境与时间所反映出来的适应程度。作为书籍装帧材料，首先是它要具备能承受印刷工艺技术的有效宽容度，其次是能经受住装订工艺技术上的折、捋、搂、撼、揺、揪与糊的高强度操作，如果没有这两个方面，那就不成为书籍装帧材料了。

装帧材料形成书籍后，它已经转变为物质形态的文化商品，还要经过商品特征方面的种种考验：交通运输、仓库储存、堆积叠放、搬动转移、书店陈列、读者翻阅、插入书橱、抽下学习以及承受空气干湿影响等。所有这些都在考验着书籍装帧材料的实用价值。

装帧材料转化为文化商品，在商品生产过程中，装帧材料的功能与作用已证实了它的实用价值有很大的宽容度。但装帧材料更高的实用价值还在于使用书籍过程中，千千万万的读者的眼与手在实际阅读使用中，从书籍载体上获得的精神享受，以及真实的触感中体会到装帧材料功能上的实用价值。

装帧材料从原产品本身固有的实用价值和原产品在销售前的管理中体现的实用价值，以及原材料被商品生产单位使用，在转化商品过程中反映出来的实用价值，直到商品被消费者使用感悟到的实用价值，所有这些，都有力地证实了装帧材料实实在在的实用价值。

二、审美价值

装帧材料的审美元素，可以从其质地和表观中感悟到，质地可以用手触摸，表观可以用眼观察。

1. 视觉审美价值

当装帧材料平铺在桌面上，借反射光用肉眼就能观察到材料的平整度、光泽度、色相、纹样纹理等，这些审美元素形成了装帧材料的视觉审美价值。审美价值是可以量化的，比如材料表面上有褶皱或坑洼之类的瑕疵，破坏了平整度，影响了光滑度。又比如色相深浅不均匀，纹样纹理时有时无，觉得材料有缺陷，没有达到装帧材料审美元素之间的协调关系与和谐程度。

2. 触觉审美价值

用手在平铺在桌面上的装帧材料上揉、捻、摸能感受到材料的质地是否柔软、光滑、坚挺、厚薄与轻重，以及材料表面上经工艺加工后的各种各样起伏不同的纹样纹理。这些都是触觉审美元素，这些审美元素形成了装帧材料的触觉审美价值。触觉审美价值也可量化为触觉审美元素之间的协调关系与和谐程度，比如装帧材料的柔软性，弹性的深浅，受烫印后的塑性，以及坚挺的硬度和在松紧上能承受压刻的能力等，再比如纹样纹理是单一深度的硬层次还是有深浅渐变的软层次等问题。综合这些触觉审美元素，给人以舒服、细腻、清爽之感，人们就觉得这材料质地好。反过来讲，触摸材料时手感粗糙，纹样纹理不清爽，时有时无不均匀，人们就觉得这材料质地较差。这就是材料产生的好、美、糙、差的不同量化的触觉审美价值。

三、经济价值

经济价值对物质材料来讲，它是体现物质材料综合整体的品位价值。

装帧材料的实用价值与审美价值上的量化，可以是相等的、平衡的，也可以是有差异的，差异现象是比较多见的。举个例子，椅子，它的实用价值差别很小，而它的审美价值却区别很大。拿装帧材料中的纸张来说，胶版纸、轻涂纸、铜版纸这三种纸张表面都是白色，都能承受印刷工艺技术，印黑字彩图都适应，也都能把纸张折叠成片页装订成书籍形态，它们之间的实用价值差异较小。然而这三种纸的审美价值由于它们之间在平滑度、光泽度、吸墨性等方面的不同，区别较大。材料实用价值的量化与审美价值的量化之间有很大差异，决定了对材料第三种价值——经济价值也有量化的变数。我们常听到有些人说："货与物质优价贵，质低价廉"；"好质量卖好价钱，便宜的买不到好东西"。反映了社会上人们约定俗成的关于商品价值的基本准则。

材料本身的经济元素有：各种原材料成本，辅助材料与添加剂，科研、工艺、技术以及生产成本。

第八章 书籍装帧材料的类别与品种

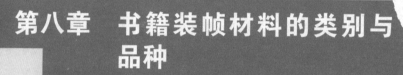

本章主要是阐释当代的书籍装帧材料类别与品种的状况和性能，并对平装书籍与精装书籍形态与内文各层次组合方面的材料应用做了大量案例的解析。

书籍装帧**形态**的两大组合

书籍装帧形态是依靠众多的物质材料与印刷装订工艺技术来完成的。在通过各道工艺技术综合完成过程中，我们首先看到其中有两大主要部分的组成：一是书籍外在形式组合部分；二是书籍内在文字组合部分。书籍外在形式组合部分有：包封、勒口、封面、书脊、封底、书套、书盒以及礼品包装等装帧内容。书籍内在文字组合部分有：环衬、像页、题词、扉页、前言、序言、目录、正文、插图、索引、参考书目、后记及版权页等装帧内容。

一、外在形式组合的装帧材料

从外在形式组合上它需要的装帧材料类别大致有以下几类：纸张纸板类，封面面料有硝化棉漆布类、涂塑类（PVC）、棉纺织类、麻纺织类、丝纺织类、涤纶混纺类、毛纺织类、皮革类、木材类、金属类等。

二、内在文字组合的装帧材料

从内在文字组合上看，几乎均属纸张类，但从组合上选用的纸张类品种也不在少数，常见的有：凸版纸、胶版纸、铜版纸、轻涂纸、微涂纸、压光纸、色彩纸、拷贝纸、硫酸纸、字典纸、地图纸、盲文纸、小说纸、刚古纸和蒙肯纸等。

平装封面装帧材料

所谓平装书籍，是相对精装书籍而言的不同装帧形式，平装书籍与精装书籍区别的特征有以下几点：（1）平装书籍全是纸张类品种组合成的；（2）平装封面与书脊、封底是连续延伸成的；（3）平装封面书脊背处用胶粘贴在内文脊背上，后用三面刀裁切掉三面余纸；（4）封面纸张属软封面，即使有些平装本封面前后加大勒口，或封面纸内衬一张空白白板纸，仍属平装。总之平装本封面材料很简单，只是纸张中的不同品种，常见的有：胶版纸、涂布纸（铜版纸）、彩色书皮纸、纹理纸与特种工艺加工纸、皱纹纸、牛皮纸、黑卡纸、金属光卡纸。下面介绍8种纸封面实例。

一、胶版纸封面

胶版纸白度和平滑度都适合凸版印刷与胶印，其密度和挺度也适合作封面，特别是 $80g/m^2$ 至 $157g/m^2$，按平装本书的厚薄与开本大小均可任意选择使用。1988 年中国社会科学出版社出版的柳鸣九主编的《西方文艺思潮论丛——自然主义》为大 32 开平装本，成书尺寸 140mm×204mm，封面用 $120g/m^2$ 胶版纸，前后加勒口，如图 8-1 所示。

图 8-1　$120g/m^2$ 胶版纸平装封面

二、涂布纸（铜版纸）封面

涂布纸封面由于涂布克重有区别，因此用在封面上就也不同，克重轻的涂布纸较薄软，一般用在小 32 开平装本上，这里举一个实例，1998 年中国青年出版社出版的胡汉生著的《明十三陵大观》（见图 8-2）成书尺寸为 130mm×184mm，封面用的是 120g/m² 铜版纸，软面平装本。

再有一本是 1999 年新华出版社出版的袁惠贞著的《艺林撷菁》（见图 8-3）采用 889mm×1230mm 特大 32 开平装本，成书尺寸为 145mm×210mm，封面选择 200g/m² 铜版纸，前后加大勒口，四色胶印覆亚膜。

图 8-2　120g/m² 铜版纸平装封面

三、彩色书皮纸封面

2004 年中国青年出版社出版的《毛泽东传》（见图 8-4）选用 700mm×1000mm，16 开纸张平装，成品尺寸为 142mm×222mm，封面材料选用克重高的大红色书皮纸，前后加勒口，该纸挺度很高，接近卡纸。

封面书脊、封底上各种内容的小字全印黑色，封面上毛泽东木刻头像烫黑色漆片，"毛泽东传"四个特大宋体字，安排在封面外切口处，竖排烫金色电化铝，书芯三面切口刷成大红色，放在书桌上，一眼看上去，好似一块结结实实的大红砖。

四、纹理纸与特种工艺加工纸封面

纹理纸与特种工艺加工纸之间的差别在于纹理纸具有极浅的各种纹理，不细看，常常会忽略，而特种工艺加工纸的纹样比较明显，凹凸起伏受光的反射一眼就看出是什么纹样，纹理纸有变化而不张扬，给人感觉文静素雅。纹理纸一般有横线形、竖线形、不规则的似植物叶脉或茎皮之类的纹理等，而特种工艺加工低的纹理纹样及色彩相当丰富，它们之间交叉搭配可产生上百种纸品。从品位上着眼，纹理纸文化品位高，举一个实例，2006 年西藏人民出版社出版的金常政、张曼真著的《我们的两地书》（见图 8-5），成书尺寸为 155mm×223mm，采用刚古纸纹理纸作封面。另一本是 2004 年印刷工业出版社出版的林桂管理文

图 8-3　200g/m² 铜版纸平装封面

图 8-4　大红色书皮纸封面

图8-5　刚古纸纹理纸封面示意图

图8-6　特种工艺加工纸封面示意图

图8-7　白色皱纹纸四色胶印8开平装封面加大勒口示意图

集《立即行动》（见图8-6），成书尺寸为175mm×230mm，采用787mm×960mm，16开的特种工艺加工纸，纹样具有显露张扬的直白品位。

五、皱纹纸封面

皱纹纸给人视觉与触觉上的感受是不平整、不光滑，且无光泽度，印刷文字和图像其色彩均无反光，与涂布类纸上印的那种色彩鲜艳、光亮耀眼的效果完全相反。然而皱纹纸表面那种不规则的凹凸起伏的随意搓揉成的皱纹，以及柔软而富有弹性的实用功能与它表现出来的审美情趣，正是它存在的社会价值与获得社会生命力的基础。因此皱纹纸颇受书籍设计艺术家的青睐。例如三联书店海洋设计的《户牖之美》（见图8-7），使用365mm×965mm八开本，成书尺寸为230mm×305mm的平装本，前后加大勒口，封面采用白色皱纹纸，四色胶印，装订为十四眼中缝锁线订，书脊脊背热熔胶黏合封面书脊。

六、牛皮纸封面

牛皮纸作封面在我国可谓历史悠久，解放前上海不少书店中都有牛皮纸封面的书。牛皮纸有两个品种，一是工业用牛皮纸，二是包装用牛皮纸，这两种牛皮纸都可作为书籍装帧材料，作封面、包封、环衬、插页等。

1953年我曾在郭大力翻译的三卷本《资本论》（廿五开本）硬面圆脊精装上采用工业用牛皮纸作包封，用大红色在工业牛皮纸上印书名和卷次，我手写书名与卷次字是加粗的扁型宋体美术字，制锌版，鲁林机凸版印刷，包在藏青色绢丝纺面料裱糊的3mm黄纸板硬面圆脊精装本上，封面与书脊上用纯金箔烫书名与卷次，使整本书显得简洁大气。

牛皮纸作平装封面材料的有2005年中国长安出版社出版的《挺经的智慧——曾国藩守身用世的大谋略》（见图8-8），该书是

787mm×1092mm 的 16 开本，成书尺寸为 183mm×260mm，封面、封底加勒口，内衬红色压纹纸作空白假封面，因此翻阅封面时手感厚挺而柔软。封面采用红、黑两色，以黑色为主。肖像、太师椅、大中小文字全印黑色，封面上的"挺经"手书体黑字加烫电化铝银色勾字边，"曾国藩守身用世的大谋略"11 个粗宋体字烫红色电化铝。整个封面字体应用、色彩搭配、肖像插图、大小错落，最终构成一派儒雅风范。这里还要强调一点是装帧材料工业牛皮纸色相沉稳，没有光泽，正是这两点增强了该书质朴而典雅的气质。

图 8-8 牛皮纸封面加勒口用红、黄、黑三色印与烫银色红色电化铝

七、黑卡纸封面

黑卡纸是摄影行业常用纸，被装帧设计家和中国大百科全书出版社选择在《中国优秀版画家作品选》(1979—1999)一书用作封面材料时，这个黑色显得非常贴切，因为版画最初出现时以黑色为主，而此书用黑卡纸前后还加出大勒口，几乎是封面的 5/6 宽，再衬一张白板纸作假封面，黑白反差大即形成了木刻的特征，黑纸封面上用凸版印黑、红不规则的刀刻线条图像装饰很有新意（见图 8-9）。此书采用 850mm×1168mm 的 16 开本，成书尺寸为 210mm×280mm，平装热熔胶装订，书的六面体很平整，如同一块木板，又想起木刻这个特点，这个装帧选的材料是一个成功的实例。

图 8-9 黑卡纸封面上烫印红、黑、银

八、金属彩光卡纸封面

金属彩光卡纸有单面、双面两种，这两种纸大量被书籍装帧选用作平装本封面。金属彩光卡纸的优点：一是金属彩光卡纸坚挺又柔韧，二是它适应彩色胶印，也适应烫压电化铝色彩，2003 年作家出版社出版的《芝加哥"格格"》（见图 8-10），大 32 开平装本，封面采用"凝采"白色金属彩光卡纸，前后加大勒口，四色彩印。从视觉上让人感到时尚，现代，对读者有很大吸引力。

图 8-10 "凝采"卡纸封面

图 8-11 "星采"卡纸封面

另一本大 16 开平装本，封面用"星采"银灰色金属彩光卡纸，封面正中烫银色电化铝《北京印刷学院设计艺术学院教师论文集》（见图 8-11）字很小放在封面偏上正中，银光纸上的银有亚光感，而银电化铝是高光银，这种相同色相而不同反光在视觉上产生平淡而典雅的艺术效果。

以上介绍的 8 种平装本封面装帧材料，是目前比较普遍使用的。平装书封面材料还有几种，例如白卡纸、白纸板、灰纸板等。

第三节

纸面布脊精装封面装帧材料

精装封面是预先单独制成的它的幅面大于书籍内在的文字书芯，上、下、右三面各宽出 3mm，装订成书后，起到了保护书芯的边缘整洁和不易损伤，精装封面是里外两层材料合成的，里层是厚硬纸板，外层裱糊纸、织物，或涂塑类材料及动物皮革等。精装书可以直立存放，便于展览陈列，可让人们立体观赏。

精装封面的厚硬纸板只是作衬里，在它表面上还要用不同类别的专用或代用的装帧材料裱糊在厚硬的纸板上，让人感到精装外在形式的材料丰富多样，更能吸引读者对书籍爱好和藏书的兴趣。精装书比相同内容的平装书成本高。从精装书另一个内在文字方面观察，还有书籍内文的各部位不同层次组合的，例如环衬、像页或题词、扉页、目录、序言、插页或插图等，这些部分用的材料档次高与低、贵与廉，与书籍的成本有直接的关连。因此，无论是装帧设计者，还是出版材料管理者，都应根据书稿的性质

与品位、内容的长短、读者对象等各种情况，切实地选用适宜的装帧材料。

我在精装书的装帧设计作品中，曾用过纸面布脊精装形式、全纸面精装形式、全布面或其他材料的精装形式。现将这三种精装形式作为实例介绍使用的装帧材料。

1957 年设计精装书比较多，其中多为纸面布脊形式。

1.《达尔文生平及其书信集》（见图 8-12）一书的文字容量大，分册出版，决定采用 850mm×1168mm 大 32 开，用纸面布脊精装形式。成书尺寸 140mm×204mm，纸面选用灰色书皮纸内裱四号黄纸板，书脊用中灰色硝化棉漏底漆布，环衬扉页用木道纸，像页用道林纸，正文用 52g/m² 凸版纸。

图 8-12　封面灰色书皮纸、书脊灰色硝化棉漏底漆布纸面布脊精装

2. 1962 年中国电影出版社约请我为他们出版的《电影求索录》作装帧设计。《电影求索录》是纸面布脊类精装本，采用 850mm×1168mm 的 32 开，成书尺寸 140mm×204mm。装帧材料有：封面封底木道纸内裱四号黄纸板，书脊采用天然蚕丝纺织品，封面、封底采用双色凸版印刷与烫金压凹工艺技术，如图 8-13 所示。环衬用木道纸，凸版印浅黄假金色满版不规则纹理作底。扉页选用道林纸，采用凸版双色印刷，以浅黄假金色印长方形框装饰图案，框内书名、作者、社名印黑色，正文用 52g/m² 凸版纸。

图 8-13　封面木道纸书脊天然纺织品

3.《中国通史》1978 年版本是一本纸面布脊精装书（见图 8-14），也是 850mm×1168mm 的 32 开本，该书是多卷本，一套共 10 卷。装帧材料封面、封底的内衬用的是 2mm 厚的黄纸板，封面、封底裱糊胶版纸，书脊采用硝化棉姜黄色橘皮纹漆布，封面采用米黄、绿、黑三个专色胶印，每卷换两个颜色，黑色不换，书脊烫金。环衬用 100g/m² 胶版纸，扉页用 80g/m² 胶版纸，单色印刷，每卷换色，正文用 52g/m² 凸版纸，彩图插页用 100g/m² 铜版纸，共用了胶版纸、黄纸板、凸版纸、铜版纸和硝华棉漆布 5 种装帧材料。

图 8-14　书脊采用黄色橘皮纹硝化棉漆布

图 8-15　纸面宽硝化棉布
　　　　　脊精装

4. 1987 年人民卫生出版社美编室同志委托我设计《英汉医学放射学词汇》（见图 8-15），此书采用 787mm×1092mm 32 开，成书尺寸 130mm×184mm，也采用纸面布脊精装本形式，但布脊在封面封底纸面上放宽 12mm，是一种纸面宽脊形式。装帧材料有：封面封底胶版纸、内裱四号黄纸板，书脊用硝化棉暗红色漆布，环衬胶版纸、正文 52g/m² 凸版纸。

全纸面精装封面装帧材料

一、特种工艺加工纸

特种工艺加工纸张的色彩与纹理，没有经过超级压光，表面没有光泽，但它也能进行多色胶印，也适应凸版与丝网印刷。四色胶印效果虽比不上亮铜版与亚铜版纸那种色彩鲜艳明亮的华丽美，然而在特种工艺加工纸上印出的那种无光泽自然朴素美，与铜版纸形成明显的反差，正好说明各有各的优势和特点，也证实了在书籍装帧材料方面，就纸张一个类别，必须要有种种不同质地的纸张品牌，才能满足各种书籍出版的需求。

特种工艺加工纸作纸面精装书籍封面、包封、环衬、扉页的很多，不少出版社的书籍装帧上都可见到。

1.《王瑶全集》（八卷），硬面圆脊精装，大32开，成品尺寸140mm×204mm，封面采用深黄色宽直条纹理纸，印黑、深红与白三种颜色，裱在2mm厚灰纸板上，并烫黑漆片，书名与烫压凹凸的板烟斗呈显出浓浓的文化气氛（见图8-16）。《王瑶全集》的前后环衬采用特种工艺加工纸中的浅米色纱布纹理纸，与封面用料相得益彰，此书出版后，王瑶夫人对该书设计与装帧材料都很满意。

图8-16 《王瑶全集》环衬特种工艺加工纸中的浅米色纱布纹理纸

2.《中国现代学术经典》（三十六卷），硬面圆脊精装，大32开，成品尺寸为140mm×204mm，包封用糙米色横细线纹理特种工艺加工纸，印翠绿色，浅茶色和黑色，这三种颜色与特种工艺加工纸色彩纹理配搭彰显出典雅的文化品位。该书前后环衬采用灰绿色压不规则细布纹经纬纹理（见图8-17）。

图8-17 糙米色细横线纹特种工艺加工纸

3.《巴赫金全集》（六卷），硬面圆脊精装，大32开，成品尺寸为140mm×204mm，此书前后环衬采用进口高档特种加工纸中的茶色植物茎叶脉纹透影纸（见图8-18）。扉页采用双扉页，总扉页与分卷扉页，用纸是选用刚古纸中的银灰色平网抄纸直线网条水透纹理纸。

图8-18 植物茎叶脉纹透影特种工艺加工纸

4.《吕叔湘全集》（十九卷），硬面圆脊精装，大32开，成品尺寸为140mm×204mm，此书前后环衬采用特种工艺加工纸中的一种浅米色纱布纹理纸（见图8-19）。其色调与封面色调同一系列，一深一浅遵循了传统的和谐关系。此书用纸表面不平滑，色彩很平淡，无光泽，封面上除了有三条压凹的细线框和烫金与黑字外，没有其他的点缀。十九卷放在书框内，书脊却成了一条

图8-19 浅米色纱布纹特种纸工艺加纸

图 8-20 大理石水印纹特种工
艺加工纸示意图

68cm 长的静谧的文化书路。

5.《商务印书馆百年纪念书画集》，硬面平脊精装本，小 8 开，成品尺寸为 250mm×330mm，此书前后环衬采用双面大理石水印纹特种工艺加工纸，显得高贵大气（见图 8-20）。与封面的大红色雅莲纸相衬映，增添了隆重的礼仪审美品位，符合百年纪念这一特定内容。

以上五种书籍的装帧选用了五个品种的特种工艺加工纸。色彩虽都属浅色类，但也有几种变化。纹理有规则的与不规则的，有竖线的有横线的，有布纹也有植物茎叶脉纹的。

建国后我国造纸业当时能生产铜版纸的产地仅上海和山东济南两地，铜版纸是在原纸上进行涂布工艺加工的一种高级印刷纸。铜版纸这个名称，是 18 世纪中叶产生的，那时的涂布纸都用高级铜版印精美的印刷品，故称其铜版纸。20 世纪 70 年代后，在纸业生产和纸张加工业内改称涂布纸，从纸张工艺加工特征来看，改称涂布纸是很确切的。

涂布印刷纸，是将水性白色颜料加上瓷土涂料，均匀地涂布于原纸表面，经过几道压平、压光工艺生产的一类印刷纸的统称。在原纸上进行涂布加工的主要目的。

（1）改善原纸张的表面性能和光泽性能，增加了平滑度、光泽度、白度和不透明度，使印刷后的印刷品更精细、清晰、层次感更强、图像光泽度更高；

（2）涂布后提高了纸张的强度性质，表面强度、湿强度、挺度与耐折度；

（3）提高了印刷适应性、油墨接受性和吸收性，改善了油墨转移的量，纸对油墨溶剂吸收快，印刷的图像更清晰，光泽恰当，少则不宜，过亦不当，涂布纸可以较好地满足印刷适性的要求；

（4）涂布印刷纸，可以生产不同颜色的彩色纸，还可以压出不同纹样或纹理，满足不同对象的使用要求，生产具有不同色彩、不同纹样的涂布纸，从而增添了印刷品的审美视觉效果。

涂布印刷纸和胶版纸在印刷前后的性能指数有明显的差别，例如：（1）在平滑度方面，涂布印刷纸为 700~1200s，胶版纸为 100s；（2）在光泽度方面，涂布纸为 10%~40%，胶版纸为 2%~3%：（3）在印刷光泽度方面涂布印刷纸为 21%~25%，胶版纸为 4%~6%；在可印网点数目方面涂布印刷纸为 100~200 个，胶版纸为 100~150 个。从中我们可以看出涂布印刷纸的优势。

由此可以证实，涂布纸平滑度、光泽度都比胶版纸要高，印刷质量好。印刷品上的图像与文字比胶版纸的更清晰、更精美。绝大多数涂布印刷纸均可使用胶印、凸版、凹版与丝网印刷等印刷方式，因此现在涂布印刷纸品种也增多了。在涂布量为 $20g/m^2$ 的原铜版纸之外，还生产有涂布量 $15g/m^2$ 的涂布纸产品，简称"轻涂纸"。涂布量为 $6~10g/m^2$ 的涂布纸产品简称"低涂纸"。涂布量低于 $6g/m^2$ 的超低定量涂布纸简称"微涂纸"。

涂布印刷纸中的铜版纸的纸面涂层较厚，要经过两次涂布后再经过平压与超压，涂层表面光滑度、光泽度很强，另一种未经超压的涂布纸称为亚光铜版纸，没有反光作用，手摸纸面有柔嫩光滑细腻的触觉感。这两种纸的厚薄、克重档次较多，作封面、包封的常为中高克重的，有 105、128、157、$200g/m^2$ 等。其余低克重的涂布印刷纸多数用在正文内容或宣传品的印制上。

二、涂布铜版纸

铜版纸作精装包封或直接作纸面精装书的不少，有的还用来裱糊在书套上。大多数精装书籍有加包封的惯例，包封多数采用有光铜版纸或亚光铜版纸，四色彩印加覆亮膜或亚膜，再加金、银烫电化铝，或彩色电化铝，这是目前精装书籍包封以及平装本封面常用的形式。精装加印包封，并不增加多少成本。包封起到了保护精装面料不受损坏的作用，有它实用的价值。还有不少精装书籍用的装帧面料是纺织类品种，颜色深、纹理粗，不适应印刷，因此这类精装书大多数会加添铜版纸彩印包封：一是为了保护封面面料避免擦损；二是为了醒目美观，引人注意；三是为书籍内容性质与主题易于利用彩印表达象征性；四是便于读者识别选购和保存。

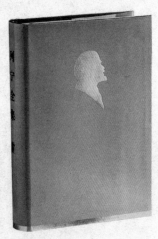

图 8-21   157g/m² 铜版纸包封

1.《列宁全集》硬面圆脊精装加包封（见图 8-21），850mm×1168mm 大 32 开本，成品尺寸为 140mm×204mm，国内初版封面细亚麻漏底漆布，书名烫纯金箔，头像浮雕用雕刻钢印，1963 年为了参加欧洲举办的国际图书展，加了一个包封。包封用国产 157g/m² 铜版纸印米色底，书名印黑字，封面上列宁侧面头像烫金色电化铝，整个包封在地脚切口处，从前勒口至后勒口烫一条 5mm 宽的金电化铝，最后覆亮膜。显出沉稳气质的审美品位。

2. 马克思经典著作《资本论》（三卷本），850mm×1168mm 大 32 开，成书尺寸 140mm×204mm，硬面圆脊精装本，封面红色府绸内裱 4 号黄纸板，烫黑、金两色。包封用国产 157g/m² 铜版纸覆亮膜。包封印浅米色底，烫金印黑字。封面正中上方用木刻马克思木刻头像烫金，像下方资本论书名粗宋体黑字，书脊字直排，马克思字小资本论字较大，都是粗宋体，包封离下切口 20mm 用一条 13mm 宽的烫金电化铝从包封前勒口始一直转到包封后勒口止。三卷书脊排列一起形成由一条金绶带缚住的一个结实的整体，如图 8-22 所示。

图 8-22   157g/m² 铜版纸包封

3.《中国国情丛书——百县市经济社会调查》这套丛书共选编一百个县市，计划五年内出齐，采用 850mm×1168mm 大 32 开，成书尺寸为 140mm×204mm，硬面圆脊精装，包封用进口 128g/m² 高光铜版纸。《海林卷》（见图 8-23）包封封面选用海林县林海雪景，封面上切口顶端横排丛书名红字，下右"海林卷"书名米黄字，书脊封底以海蓝色作底，书脊上直排丛书名黑字，下放海林卷书名白字，最下边"中国国情"红色椭圆章，包封四色胶印压亮膜。

图 8-23   进口 120g/m² 高光铜版纸四色胶印覆亮膜

4. 1992 年，中国社会科学出版社出版《香港概论》一书（见图 8-24）。我为该书做了封面设计，采用 850mm×1168mm 大 32 开，成书尺寸为 140mm×204mm，硬面圆脊精装。除采用 PVC 涂塑纸外，特加上包封，包封选用进口 157g/m² 双面高光铜版纸，蓝、红、黑三个专色胶印，封面图以装饰画手法表示香港高楼群象，中间添上飘动的蓝、红绸带，为没有动感的直线群楼增添了柔美之感，产生了刚柔之间的矛盾关系，丰富了艺术效果。

5. 我国为申办 2000 年奥运会活动，奥林匹克出版社准备编辑出版《奥林匹克文库》，我当时是该社的装帧艺术顾问。这套文库的第一本书是［美］肯尼恩·瑞奇编写《好梦成真》中译本。此书开本拟大不拟小，决定要比普通常规的大 32 开的还要大一点，选择用 889mm×1194mm 的 32 开，成品尺寸为 150mm×223mm，硬面平脊全精装（见图 8-25）。精装面料用进口 PVC 涂塑纸材料裱 2mm 厚灰纸板，精装外加包封，包封选用进口 157g/m² 双面高光铜版纸，四色胶印覆亮膜。

6. 商务印书馆建馆一百周年纪念，该馆准备编辑出版一本《商务印书馆百年纪念书画集》（见图 8-26），书名已请赵朴初题字，题字已经复印出几张样子，让我为该书设计封面。该书采用小 8 开，成品尺寸为 250mm×330mm，硬面精装。为了能突出"百年"这个主题，增加了一个包封，利用包封我书写了一百个不同结构的"寿"字，直排十行，每行十字，三个专色印，一是满版假金色，二是包封面与包封底各印一百个金色寿字，包封面正中上切口留出 20mm，下切口留出 25mm，印大红色书名题字。书脊印金，从上切口留出 25mm，下切口留出 120mm，正中印大红色书名题字。包封底在靠上端横排三行红色英文书号，下端安排了一个庆祝 100 周年的标志。由于此书开本大又是精装本，因此包封选用进口的 157g/m² 双面高光铜版纸加覆亚膜。

7. 中国大百科全书出版社与《中国性科学百科全书》编辑委员会合编《中国性科学百科全书》，该书是小十六开本硬面圆脊

图 8-24　进口 157g/m² 双面高光铜版纸专色印

图 8-25　进口 157g/m² 双面高光铜版纸四色胶印

图 8-26　进口 157g/m² 铜版纸三个专色印覆亮膜

全精装，成书尺寸为 184mm×260mm。我接手后首先考虑整体构思，经过反复思考出现了形式与形象及色彩，自认表达出了"性"这个主题，这个主题形式只能采用纸面全精装才能完美地表达，因此选择了橘皮纹理亚光铜版纸裱 3mm 厚灰纸板，封面突出红蓝两色交叉形，中间阴阳两性符号隐显其中（见图 8-27）。从上至下，横排书名分两行，反白字，下排英文书名，小字排两行，印黑字。

图 8-27　橘皮纹铜版纸四色胶印精装封面

8. 中国大百科全书出版社编辑出版《中华文明史话》丛书，总共 100 本。787mm×960mm 的 32 开，成书尺寸为 110mm×183mm，平装本，封面用 157g/m² 进口双面光铜版纸，四色胶印，一百本分 4 种色带区分，每种 25 本。（见图 8-28）

图 8-28　进口 157g/m² 双面光铜版纸四色胶印

9. 我国著名油画艺术家艾中信之子艾民有，为了怀念他父亲，以自费编辑出版《艾中信艺术全集》（见图 8-29），硬面方脊精装，用 760mm×1030mm 纸的 8 开本，成品尺寸为 250mm×350mm，封面面料选用国外进口的粗亚麻布，经纬线粗细不均匀，色相也有深有浅，其表面显出自然朴拙的品位，麻布色浅纹粗裱在 3mm 灰纸板上，有一种粗实厚重感。但容易磨损弄脏，因此需要加一张包封。考虑此画册的品位，包封选用了进口的 200g/m² 的亚光铜版纸，封面选用作者一幅横幅的风景画，从包封面、书脊直转到封底的一部分，四色胶印覆亚膜，既起到保护封面面料的实用功能，又具有艺术审美价值，读者一看就明白这是一本油画美术画册类书。

图 8-29　进口 200g/m² 亚光铜版四色胶印包封

10.《中国城市年鉴》（见图 8-30）按常规时间出版，中国城市年鉴社对年鉴的装帧设计、装帧材料以及印刷装订都有很高的要求。他们的年鉴曾在中国出版协会评选中屡屡获奖，编辑、设计、印装各项都获得过优秀奖。这本年鉴是大 16 开，纸面方脊硬面精装本，没有包封，但加了一个硬面的书套，用的装帧材料都是 $157g/m^2$ 亚光铜版纸四色彩印加覆亚膜，还加压一道细布纹理，裱在 3mm 厚灰纸板上，正文内彩色图片插页全用 $128g/m^2$ 亚光铜版纸。

图 8-30　3mm 灰纸板裱 $157g/m^2$ 亚光铜版纸四色胶印覆亚膜加压细布纹

上面介绍的 10 种书籍，无论是包封还是封面或是彩色图片插页以及书套都使用了铜版纸，有进口的也有国产的，有双面光铜版纸，也有亚光铜版纸，还有压了橘皮纹理的铜版纸。克重有 $128g/m^2$、$157g/m^2$、$200g/m^2$ 的铜版纸。经过平压、超压的双面光铜版纸经过四色彩印后，印品色彩鲜明，光泽感强，有种时尚感。总之铜版纸的彩印效果是其他纸很难达到的，因此在书籍装帧上得到广泛的应用，显出它适应性与表现力很强，铜版纸可算得上纸品类中的佼佼者。

三、雅莲纸——布纹纸

我国在改革开放的政策下，纸张业的经销商从国外引进不少纸张品种，当时我在深圳见到一种纸，他们称它"雅莲纸"，这个名称不知从何而来，是不是英文译名也不得而知。后来人们以纸的纹理称它为布纹纸，也有称麻布纹纸。这种纸纹理确像亚麻布，经纬粗细不均匀，自然朴拙，用作书籍装帧面料是很理想的一种纸品材料。

河北教育出版社责任编辑王鸿雁陪同《中国现代学术经典》这套书的主编刘梦溪来我家，邀请我为这套书规划装帧设计，他们已有过几个设计方案，但不满意。我接下来后，在这套书上第一次将雅莲纸用作全纸面精装书。

1.《中国现代学术经典》（见图 8-31）共 36 卷，采用

图 8-31 藏青色（深蓝）雅莲纸封面

图 8-32 红色雅莲纸封面

850mm×1168mm 大 32 开，成品尺寸为 140mm×204mm，硬面圆脊精装，封面纸选择藏青色（深蓝）雅莲纸，内衬裱 3mm 厚灰纸板，采用烫印工艺，封面与书脊烫金、烫翠绿粉箔。封面上靠近书脊烙沟 12mm 处，从上到下直排主编名、丛书名、出版社名。用长仿宋体，烫翠绿粉箔，在它右边的封面略偏上，横排作家名卷特大长仿宋体，卷名上下各加一条半毫米宽的横细线，烫电化铝金。书脊上下各烫一条 2mm 宽的横线电化铝金，上线下方烫一块翠绿粉箔，粉箔上烫电化铝金长仿宋丛书名，粉箔下烫电化铝金长仿宋体作家名卷，书脊下线靠上用翠绿粉箔烫河北教育出版社标志，整个装帧体现了丛书的属性，有现代的风貌、有儒雅品位。

2.《商务印书馆百年纪念书画集》（见图 8-32）硬面平脊纸面全精装，小 8 开，成品尺寸为 255mm×355mm，封面面料选用大红色雅莲纸，封面正中央用赵朴初竖写的商务印书馆百年纪念书画集书名题字，烫金电化铝，有中国传统喜庆气氛。配上外包封上用篆体写了一百个不同印金寿字，显得稳重大气，与封面的喜庆气氛对应，使该书的纪念性显得更加庄重。

3. 选用雅莲纸作精装封面面料，还有一本比较有特色的是苏联著名哲学思想家巴赫金的著作（中译本）《巴赫金全集》（六卷），也是河北教育出版社约请我设计的。该全集硬面圆脊精装大 32 开，成品尺寸为 140mm×204mm（见图 8-33）。我在雅莲纸色彩样本中选择时没有选白色和其他鲜明的色彩，而选择灰色雅莲纸，因为巴赫金这位苏联作家的身世坎坷，在苏联极左时期曾被判刑五年，发放北方最严酷的劳改营，后经人营救并流放到库斯坦奈这个地区小城。20 世纪 60 年代初，65 岁的巴赫金被人发现。他的著作出版后，引起世界轰动，被公认为 20 世纪国际上著名思想家之一。根据他本人的遭遇与他的著作这一特殊性，我选用灰色调雅莲纸，印满版黑色，只在上下留出两条灰色雅莲纸色带，并在上一条灰色带上从右边以曙光红色向左渐渐消失，在曙光红色上将作者的俄文名烫金色，表示作者的思想终于像曙光那样照耀世界，该书封面黑灰色上的书名、卷次与卷题印银色，好似点点星光在黑暗中闪烁，此书利用灰色雅莲纸作封面材料，与书的性质非常贴切，得到了出版社的认可，也获得装帧界的好评。

（a）灰色雅莲纸封面　　　　　　（b）《巴赫金全集》六卷 全纸面精装本

图 8-33

4. 大连市的大连百科全书编辑部与中国大百科全书出版社希望我为他们编辑出版的《大连百科全书》担当装帧总体设计。我决定采用889mm×1193mm纸的16开本，成品尺寸为210mm×285mm，硬面圆脊全纸面精装装帧形式（见图8-34）。在封面设计上我首先想到大连市标志性建筑是一个红白两色的大型足球体，用它的彩色图片作封面主题，整个封面采用浅米色雅莲纸，在雅莲纸上先印黑色中文和金色英文书名，将印好的雅莲纸裱在3mm厚的灰纸板上，然后在封面的中英文书名下烫压一个凹型的边框底，将事先在亚光铜版纸上印好的彩色足球图裁切齐，粘贴在烫凹型边框底上，此书采用烫压、镶嵌等印后工艺，有现代气息，但也不会稳重朴实，在百科全书类中还不多见，让人耳目一新。

图 8-34　线米色雅莲纸封面

5.《吕叔湘全集》总策划沈昌文介绍辽宁教育出版社责任编

图 8-35　橘黄色雅莲纸封面

辑来找我。他首先将《吕叔湘全集》的工作情况向我介绍，此书共十九卷，全部硬面精装出版，并带来一部分定稿样，让我对吕老的《全集》先提出一个整体的装帧设计方案，经审定后再进行实际操作。因吕老《全集》得到国家新闻出版总署等部门的支持，并将其列入国家重点图书出版规划项目之一。可见出版此书的意义不凡，我仔细地翻阅了部分定稿，觉得正文版面格式很复杂，就我经常使用的版面技术设计语言而言应用不够，需要探索创造新的技术设计语言。于是我首先制作空白模拟样本，开本大32开，装帧采用橘黄色雅莲纸裱 3mm 厚纸板硬面圆脊纸面精装，封面与书脊上的文字烫金电化铝与黑粉箔两色，封面离四周边 6mm 加一个压凹的三条平行细线边框（见图 8-35）。

以上五本纸面精装书都采用了雅莲纸装帧材料。但五本书用了深蓝、大红、灰色、米色与橘黄五种色相，各有千秋。

四、涂塑纸

PVC 涂塑纸，是 20 世纪 60 年代初美国试制成功的一种现代装帧材料新品种。它的出现是针对早期应用的硝化棉涂料的易老化、硬裂、不经久的缺点，作更新换代而诞生的。

PVC 涂塑纸的优点甚多：（1）它不用棉布作底，而改用纸作底；（2）光泽柔和自然；（3）柔软度与平整度好；（4）韧性好不易撕裂；（5）不会老化开裂；（6）色彩纹理品种繁多；（7）可承受印、烫、压等工艺，还可烫压浮雕层次；（8）价格不贵。由于这些优点，没几年我国各地普遍采用涂塑纸作为软面精装和硬面精装的面料使用。

1. 1984 年，我 60 岁，正好是一个甲子年的生日。我的好友郑再勇希望我为他的单位——人民音乐出版社将要出版的《中国音乐词典》一书设计一个精装封面。音乐在我生活中已伴随了近40 年，1945 年我在上海工作时结识了一位喜爱音乐的朋友，我经常到他家听音乐。他家里有一台留声机和不少唱片，全是西洋音乐，多数是古典音乐、交响乐，少数是美国乡村音乐与电影音乐等。这是我最初接受音乐熏陶的年代。40 年后的今天有机会让我与音乐直接接触工作，当然是件令人高兴的事情。《中国音乐词典》一书开本是用 640mm×930mm 的 16 开，成品尺寸为 150mm×220mm，是硬面圆脊精装本，封面面料选择的是意大利深蓝色涂塑纸，塑面有细微不规则流动感的纹理，封面上端用我手写的隶书书名烫金，封面下方出版社标志与出版社名，封面四周离切口 5mm 有一个 6mm 宽的回纹边框，全压凹印，书脊上半部位放书名，下半部位放青铜器纹样，全部烫金（见图 8-36）。

图 8-36　意大利深蓝色细微不规则流动感纹理的 PVC 涂塑纸封面

2. 1987 年，三联书店请我为巴金的《随想录》设计另装一百本特精装送巴金先生私人收藏。我当即承诺，并将原先出版的那个版本取来，对原书的封面设计进行研究分析他们这样设计的原因，我怎样设计才能使与原书既有区别又有相近的一面。当然开本用原版小 32 开（即 130mm×183mm），因为正文书芯还是用原来的。原书有包封，包封上"随想录"三字是巴金手书体。我的设计去掉了包封，选用意大利银灰色皮纹涂塑纸作硬面圆脊精装本面料（见图 8-37）。封面、书脊、封底从上到下分割六档，用 7 条 1mm 粗的横线烫压凹，在封面与封底靠近书脊烙沟处，烫 7 颗小金星，封面上端第一档靠左边烫宝蓝色"随想录"三字扁黑体，封面下右方的第六条凹线上烫金色电化铝的"巴金"签名，这与原版书上用巴金手写书名体相辅相成。书脊上端第一档烫宝蓝色块，宝蓝色块上烫"随想录、巴金"两行金色电化铝，七条横线最后一档放三联书店标志，七条线与标志全烫金色，封面、书脊、封底全部展开平放在桌上，就会感觉到在一大片素雅的银灰色空间中，有七条横线在小金星的牵引下，向左右伸展的动感，寓意作者的思想的光芒。这种寓意恰好利用了涂塑纸装帧材料的银灰色调与隐约不规则流动感的纹理作载体，展示了装帧材料的实用效果，同时也体现出装帧材料的审美文化品位。

图 8-37　意大利中灰色沙点水影纹理 PVC 涂塑纸封面

3. 涂塑纸装帧材料花色纹理品种很多，因此我每有新设计就尽量选用新花色。《二十世纪外国音乐家词典》硬面圆脊精装用635mm×927mm 的 16 开，成品尺寸为 150mm×220mm，此书的封面面料选择的是意大利的细布纹涂塑纸，并选用红、蓝两种颜色组合（见图 8-38）。在装订上裱糊封壳时采用拼接镶贴工艺，封面右半部分用红色涂塑纸，左半部连接书脊至封底全用蓝色涂塑纸裱接成完整的书壳。书脊上方镶贴一小块红色涂塑纸，上面烫金色电化铝书名。封面上右半部分红色与左半部分蓝色涂塑纸面各烫上同样的书名，只是不并列，上下错落一行。在蓝色封面这部分上下切口处加上编著者与出版社名，书脊中段添装饰图案，下方出版社社徽，全部烫金色电化铝。我在这本书上充分利用涂塑纸装帧材料的颜色，并在装订上利用裱糊工艺增添了拼接镶贴技术。然后在封面设计上利用红蓝两色试用两个同样的书名，完全突破了常规的设计，是一次创新的尝试。

图 8-38　意大利红蓝两色细布纹 PVC 涂塑纸封面

出版后编辑们都评价这是一种别出新裁的书籍装帧形式，这是充分利用装帧材料与印装工艺技术的新的设计手法的体现。

上面举出的三本书籍的装帧面料都是选用了意大利涂塑纸，颜色有深蓝、银灰、蓝与红四种，纹理有细微不规则的流动形纹、皮革纹和细布纹三种，下面再举两本装帧面料是日本与美国产的涂塑纸。

4. 1992 年，我在奥林匹克出版社担任书籍装帧艺术顾问，该社为我国申办 2000 年奥运会编辑出版过不少关于奥运会文献类图书，其中有一本《第六届远东及太平洋地区残疾人运动会总结报告》大 16 开 210mm×295mm，硬面平脊精装，封面面料采用日本生产的翠绿色蛋壳纹涂塑纸，纹理不明显，比较平滑，因此封面书脊上中英文书名不采取常规的烫金工艺，而选用丝网印刷工艺，丝网印白色文字有一种凸起的厚度感（见图 8-39）。在封面左上角用压凹工艺烫一个圆形的第六届残疾人运动会会徽。一凸一凹，一明一暗，白绿两色，静中见动，相互映衬，这是运用装帧材料、印刷工艺、设计方法三者综合运用的一件装帧作品。

图 8-39　日本翠绿色蛋壳纹 PVC 涂塑化封面

五、冲皮纸

1995 年，中国大百科全书出版社与英国不列颠百科全书公司合作编译中文版《不列颠百科全书》（国际中文版）（二十卷），硬面圆脊精装本，大 16 开，成品尺寸为 210mm×280mm，封面面料采用美国生产的纯黑色蛋壳纹理凯维斯冲皮纸（PVC 涂塑纸的一种压出皮革纹理的纸名称）选用美国黑色冲皮纸是为了与原版《不列颠百科全书》一致，封面上的中英文书名与卷字烫金色电化铝，书脊上下分成四格，上格占书脊五分之三，"不列颠百科全书"宋体美术字书名烫金色，下一格占书脊十分之一烫海蓝色块，在海蓝色块上烫金色电化铝的不列颠徽标，在下一格占书脊十分之二，烫金色电化铝的卷次字与英文检索字头，最后一格占书脊的十分之一，烫大红色块，在大红色块上用金色电化铝烫大百科出版社社徽，四格相接处都用文武线隔开，各自独立成主题。书脊从上至下共有 5 条文武线烫金色电化铝，二十卷书放在书柜中，其宽度有 65cm，在这一大片纯黑中有五条金色文武线与两条海蓝色大红色带，贯穿左右，在视觉上鲜而不俗，艳而不浮，严肃大方，端庄稳重。

以上 5 种书籍，选了 4 个不同开本，采用了 3 个国家生产的 6 种颜色、4 种纹理的 PVC 涂塑纸装帧材料，印装方面用了 6 种工艺技术。这些涂塑纸的性能经过印压烫工艺加工时，反映出其适应能力都很强，在相互融合时各自的特征都能表现得精细且清晰。证明进口的涂塑纸的确是相当优质的装帧材料。

六、国产 PVC 涂塑纸

我国自产的（PVC）涂塑纸是受意大利涂塑纸的启发而研制的，当时意大利涂塑纸引进后，受到我国书籍装帧界的青睐，各出版社纷纷在精装书上应用，其效果显然比原先常用的硝化棉漆布要好。1981 年我在国家出版局负责装帧研究室工作，注意到这种情况后，就开始寻找机会研制（PVC）涂塑纸工作，很巧，在一次偶然的机会，得知北京房山区有一家建筑装饰材料厂生产涂塑花纹壁纸，于是我走访该厂，厂长给我一本涂塑花纹壁纸样本，我发现壁纸涂层太厚，花纹太深，质地太硬，这些都不适宜作书装材料。于是我要求参观生产车间，看到了工厂这套涂塑联动生产线，让我产生了兴趣和信心，如果利用我在国家出版局机关工作的条件，动员有关方面的人员借用这套涂塑联动生产线增添生产书籍装帧专用的涂塑纸品种，是完全可行的。在离开工厂的一路上，我一直思考这件事。第二天，我约请中国印刷科学技术研究所的人员与中国印刷物资公司主管装帧材料的人员一起商议研制开发书籍装帧专用的（PVC）涂塑纸。并将前一天带回来的涂塑花纹壁纸样本与意大利PVC涂塑纸陈列在桌上，请他们观察、触摸、比较，最后在会上我提出了研制国产的PVC涂塑纸的要求：（1）涂层要薄，参照意大利涂层的克重；（2）增加柔软剂与光泽度；（3）添制浅层次不锈钢花纹辊。

在研制过程中邀请了上海印刷技术研究所的相关人员一起参与研制工作。经过多次研制测试，减弱了硬度，增强了柔软度与弹力性；涂层减薄适当提高了光泽度；钢辊花纹减浅了，压出的纹理由于光泽度的作用，纹理层次也更加清晰。通过烫、压、印、折、裱糊等工艺技术的适应性测试，反映效果良好。最后报送有关部门，申请专利并正式投产。并责成中国印刷物资公司服务部独家定产经销。

1. 1982年出版的《中国印刷年鉴1981》大16开210mm×280mm硬面平脊精装本，封面面料就是采用北京房山区建筑装饰材料厂首批生产的PVC涂塑纸，浅咖啡色细微流动形纹理，为了验证国产涂塑纸首批产品质量，设计时有意识侧重工艺技术的应用，先烫黑色、红色粉箔，后烫金色、银色电化铝。封面设计是正中略偏上，从外切口处到书脊烙沟处烫一条210mm宽的黑色与红色相连接的粉箔色带，黑色带占三分之二长，内烫金色电化铝"中国印刷年鉴"6个黑体字，红色带占三分之一长，内烫银色电化铝数字"1981"（见图 8-40）。在这条黑红带上右角，用金色电化铝烫一个 33 圈 0.5mm 细线组成的直径 102mm 圆形平面图，在黑红带下右角，烫一个直径为 102mm 圆形平面的银色电化铝，上面金色的圆图表示一个色滚筒，下面银色的圆图表示输白纸的滚筒，中间那条黑红色带表示滚筒间经过的纸的印刷效果。封面左下角处烫银色电化铝 4 行英文书名，书脊上同样用黑红粉箔与金银电化铝，与封面一致。

图 8-40 国内首批生产的浅咖啡色细微流动形纹理 PVC 涂塑纸用在《中国印刷年鉴·1981》封面上

2. 1984~1988 年的《中国新文艺大系》（23 卷 25 册）为小 16 开 183mm×260mm，硬面圆脊精装本，封面面料还是采用房山建筑装饰材料厂以专色定产的 PVC 涂塑纸，宝蓝色细微流动形纹理，封面正中用两条似上升飘动的绸带图案纹样，含义是文学与艺术两个内容，上升飘动是指它曲折地发展（见图 8-41）。纹样线条较细，烫压凹后若隐若现作为背景，然后在纹样上正中偏上烫金色电化铝书名、年号与分卷名，靠下方出版单位名烫金色电化铝。书脊上半段是"中国新文艺大系"7 个长宋体书名字，中间一段烫上一块红色粉箔，在红色块上放年号与卷名，再下段放出版单位名。这三段的文字内容用 4 条 3mm 宽的横线隔开，书脊上这些文字与横线全烫金色电化铝。23 卷 25 册书放在书柜内，一眼看到 600mm 宽，一片宝蓝色的书脊上，被一条红色粉箔的似绸缎一样的彩带将 25 册书捆缚成一个整体。

图 8-41 国产宝蓝色细微流动形纹理 PVC 涂塑纸用在《中国新文艺大系》封面上

3. 1984~1999 年的《当代中国丛书》（150 卷 208 册）大 32 开（140mm×203mm）有硬面圆脊精装本与平装本两种（见图 8-42）。精装本封面面料也是由房山建筑装饰材料厂专色定产的，是草绿色细微流动形纹样，因为该书 15 年才能出齐，每年生产一次，时间跨度 15 年，总印数 300 多万册，每年供应 20 万册封面材料，这些在当时还比较容易做到，难度最大的是每年每次供应的 PVC 涂塑纸，色彩必须完全一致，不允许出现深浅的差异。印装方面由上海、北京两地负责。工艺质量也要一致，在整个封面上烫压凸出"当代中国"四个大黑体字，烫压温度与压力都会比

图 8-42 国产草绿色橘皮纹样 PVC 涂塑纸用在《当代中国丛书》封面上

图 8-43 PVC 涂塑纸色彩纹样

常规的大，因此必须在上海、北京两地各先印装 20 本样品，分送中宣部、丛书总编委员、国家出版局、出版社、上海中华商务印刷厂、北京新华印刷厂、北京房山 PVC 涂塑纸生产厂、中国印刷物资公司等。这是我国在装帧材料生产方面从未有过的通过各方共同协调的、严格的程序。

由于受到各方面的重视，才能在 15 年中完成 150 卷 208 册《当代中国丛书》的任务。整套丛书放在书橱里完全分不出哪年哪地印装的，好似同一时期、同一地、一次性整套印装的。这些主要归功于装帧材料生产厂全体职工严格地做到了保持材料色彩的一致性。

《当代中国丛书》的封面面料采用草绿色国产 PVC 涂塑纸，整个封面上为"当代中国"4 个凸起的粗黑体字。封面就像一块碑刻，寓意是树碑立传。书脊上方烫一块红色，红色上烫金色"当代中国丛书"6 个小字，红色块下烫金色分卷主题字。封面书脊封底全平推开，展示出一幅万绿丛中一点红的景象。万绿代表广大人民，一点红象征党的领导，丛书载着新中国 30 多年艰辛卓越的社会主义建设创业史，是中国历史上最具创造性的、最具青春活力的历史阶段之一。

以上举出的三种书籍用的装帧材料是我国自产的 PVC 涂塑纸，是在 1982~1984 年最早试产的品种，这三种书籍共 229 册，总合起来的印数在 400 万册左右。对于最初的自产 PVC 涂塑纸生产来讲，无疑是遇到了一个极有利的机会。接受这样一批数量大的生产订单，确实对支持和推动我国自产的 PVC 涂塑纸生产单位的发展起到了积极作用。

时隔 26 年的今天，我国现在已有五六个地区设厂生产 PVC 涂塑纸。在质量方面，无论是涂层量的标准化，还是涂层结膜的光泽度、柔软度以及耐折、耐磨度都与国际标准接轨，而且花色纹样繁多（见图 8-43）。PVC 涂塑纸的生产与供销，已成为我国纸业产品中一种稳定的装帧材料。

七、皱纹纸

软硬面精装用纸品作面料，除上几个实例已有最初的木道纸、胶版纸，以及以后发展到的特种工艺加工纸和高档涂布纸（铜版纸），接着又有雅莲纸（布纹纸），与 PVC 涂塑纸 6 种，其实还有用皱纹纸和以金属箔与纸覆合的金属光泽纸。

《中国当代美术家作品集》是由人民美术出版社在 2006 年出版的，用 787mm×1109mm 的 8 开本，成品尺寸为 230mm×305mm，是一本软面平脊精装本（见图 8-44）。封面面料用糙米色皱纹纸裱 0.5mm 白纸板，上、下、右三边各长出 2mm 的小飘口，封面裱上皱纹纸约有 1mm 厚，既感觉到有硬挺度，又有微弱的柔软性，翻启时手感很舒适。皱纹纸封面上用凸版印黑色小字，烫金红色电化铝书名，文字全直排，简洁醒目。我经常去书店走走看看，见不少出版社的书籍封面采用了皱纹纸，可见装帧材料纸品类中的皱纹纸已受到出版界的普遍喜爱。

图 8-44 皱纹纸用在《中国当代美术家作品集》封面上

八、金属光泽压纹卡纸

《王康乐书籍装帧艺术》山东人民出版社 2004 年版本，用 889mm×1194mm 的 32 开本，成书尺寸 143mm×210mm，采用硬面平脊精装本加包封（见图 8-45）。包封是金属箔与白卡纸复合的金属彩光泽纸，并压上交叉细线纹理，这种金属彩光泽纸有不少精装书和平装书喜用，主要它与无光的纸张相比较，有一种现代时尚感，与铜版纸相比，它同样可以四色胶印，四色印上后纸的金属彩光泽依然很清晰，效果显然与铜版纸不同。金属光泽纸现在已有多种金属色相与纹理，是纸品材料中的佼佼者。

图 8-45 金属箔与白卡纸复合的金属光泽卡纸用在《王康乐书籍装帧艺术》包封上

用纸品作精装封面面料的还有一些品种，例如发丝纸、静电植绒纸、热熔纸、蒙肯纸等，都曾在其他精装书封面上作过面料，与设计及工艺结合效果好的不少，在这里就不一一举例了。

第五节

纺织类精装封面装帧材料

精装书籍封面装帧材料除了纸品类的各种纸张材料外，还有其他类别的品种可作精装面料：纺织类中有麻纺织品种、棉纺织品种、丝纺织品种等。它们都是精装书籍封面装帧材料库中的常备品种。

一、麻纺织品

麻纺织品作精装书籍封面装帧材料，约 18 世纪末 19 世纪初就已出现应用在欧美各国出版物上，在我国应用麻纺织品作书籍封面装帧材料约在 19 世纪下半叶。我在 1955 年设计《马克思画传》一书封面时，考虑到该书开本的成品尺寸为 213mm×277mm，是硬面平脊精装本，设计时首先考虑的是选择何种材质作精装面料，当时由材料科提供的材料样品中，选择一种本色亚麻布作《马克思画传》的面料，在亚麻布封面偏上正中烫一个椭圆压凹印，椭圆上添两圈一粗一细的凸起的椭圆边框，中间凹下的椭圆形凹面是留作事前在铜版纸上用凸版印黑色的仿欧洲传统钢刻版画的马克思头像，并用模切刀切成椭圆形，将它粘贴镶嵌在椭圆形凹处中，封面下方烫红色粉箔"马克思画传"五个标准宋体字书名（见图 8-46）。

整个封面色彩是亚麻布本色（糙米色），铜版纸白色、马克思版画头像黑色，5 个红色宋体字书名，色彩效果朴素大方，此书1956 年曾在民主德国书展上展出，受到民主德国出版界和装帧设

图 8-46 建国初期已采用本色亚布作封面面料，用在《马克思画传》封面上

计界的好评，特别是对封面上的钢刻版画马克思头像，他们是第一次见到以钢刻版画的马克思头像，后来民主德国来信，要求我国提供头像原作的照片和原大复印样。另附细亚麻布如图 8-47 所示。

第二本选用麻纺品作精装面料的书，是在事隔 52 年后的 2007 年，《艾中信艺术全集》硬面平脊精装加包封。艾中信在世时是美院油画系教授，我在 50 年代初就认识他，现艾民又找我，要我为他父亲的《艺术全集》设计封面，我多少有些感慨。

图 8-47　细亚麻布的几种色相

《艾中信艺术全集》一书，用 760mm×1030mm 纸 8 开本，成品尺寸 350mm×250mm 的横宽开本硬面平脊精装形式，封面面料是特从国外进口的粗亚麻布（见图 8-48）。这种亚麻布效果（见图 8-49）与油画布很相似，作油画作品集的画册面料非常贴切，让人见了心生联想。麻布经纬线粗细不均，色相也有深有浅，织成的亚麻布表面是糙米灰色，显出自然朴实的品位，裱在 3mm 厚的灰纸板上，有一种粗实厚重感。在封面下方横写"艾中信艺术全集" 7 个粗壮的宋体美术字，书名烫白色粉箔，与油画布打粉底相同，为使书名字不单调，在书名字底脚平行线的左右各加烫一条 1mm 宽的咖啡色粉箔，向左右延伸到书口与书脊烙沟处，这根线是封面上唯一的装饰，整个封面以利用亚麻材料的质地和色泽为主，其他的都是相应的配合协调，以不冲淡亚麻为目的。不同色相的粗亚麻布样示意图如图 8-49 所示。

图 8-48　进口粗亚麻布用作
《艾中信艺术全集》
封面面料很贴切，粗
亚麻布上书名烫白色
好似油画打底色

1987 年作家出版社请我为当代作家力作的长篇小说——《当代小说文库》做装帧整体规划。

首先对开本与版本作如下规划：开本规划是选用 850mm×1168mm 纸张 32 开，成品尺寸为 140mm×203mm；版本规划是硬面圆脊精装本与普通平装本两种版本；其次对精装本装帧内容与装帧材料规划：精装内容有包封、精装封面、环衬、扉页、像页与正文；装帧材料有 157g/m²、100g/m² 与 80g/m² 胶版纸、52g/m² 凸版纸、精装面料细麻纱布、精装纸板 1.5mm 厚灰纸板与 3mm 宽夹页丝带，共 7 个品种。这套文库共 7 册，全按此规划办，半年时间完成。

图 8-49　粗亚麻布的几种色相

图 8-50　细麻纱布用在《当代小说文库》文学类书的封面上

我选择麻纱布作为精装封面材料，是因为纱布色彩是麻的本色，麻纱布的经纬粗细不匀，交织其经纬交叉处的点也显示大小高低的不同。麻，表现出自然朴实之感，有文化品位，作为文学类精装书籍封面确实是比较相宜的一种装帧材料，而在这种材料上通过简单的设计，只用一条横排的宋体书名烫金色电化铝，在书名右下角，作者签名体烫黑色粉箔，更增添了一层文化氛围和艺术魅力。封面裱 1.5mm 灰纸板、硬度与厚度在触觉上也觉得很舒适（见图 8-50）。

二、棉纺织品

书籍封面装帧材料中棉纺织类的品种，早在明清时期雕版印刷书籍上就采用过，当时线装书封面以及函套采用过棉织品裱糊。至于现代精装书封面用棉纺织品的有我在 1975 年设计《资本论》三卷本新译本出版时，为了在装帧材料以及色彩方面与 50 年代初出版的郭大力翻译本有别，原老译本采用的是藏青蓝绢丝纺，新译本改用了品红色棉纺织品中的府绸布。老版设计的在藏青蓝绢丝纺封面上，用纯金箔烫上《资本论第一卷》扁方型粗壮老宋体。新版的在品红色府绸布正中偏上方先烫上一块宽 70mm、高 23mm 扁长方型的黑色粉箔，黑色粉箔上再用金色电化铝烫上"资本论"三个宋体字书名，封面上没放卷次，如图 8-51 所示。书脊上方烫上"马克思资本论"6 个宋体字，"马克思"3 个字比"资本论"3 个字小两级，全烫金色电化铝，书脊下方用黑色粉箔烫卷次，分别用罗马体Ⅰ、Ⅱ、Ⅲ字样，整个封面是红、黑、金三色、非常鲜亮，但又稳重大气。

图 8-51　红色府绸布用在《资本论》三卷精装本封面上

《资本论》精装封面本外添加了包封，包封用铜版纸印满版米黄色，包封封面上方用金色电化铝烫马克思木刻头像，头像下边印黑色的粗宋体美术字"资本论"。包封的书脊上印"马克思资本论"6 个宋体字，字的大小与精装本书脊上的字相同，包封最显著的特色是在包封下部位离切口 20mm 处，从包封前勒口始，直接转到后勒口止，烫一条 13mm 宽的金色电化铝带，过书脊部位的金色带上，以黑色烫罗马体Ⅰ、Ⅱ、Ⅲ字，三卷《资本论》放在书橱中，从书脊上看，好似一条有Ⅰ、Ⅱ、Ⅲ三个黑色罗马字的金色绶带，将三卷《资本论》捆缚成一个整体。

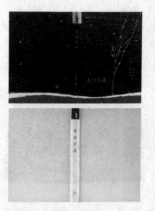

图 8-52　白府绸布用在《美国诗选》小 32 开精装封面上

用棉纺织品材料作精装书面料的，还有一本《美国诗选》，是三联书店 1989 年版本，开本是 787mm×1092mm 的小 32 开本，硬面圆脊精装本，外添加包封（见图 8-52）。精装面料采用棉纺织品中的白府绸，在封面右下角处烫凹印的一支斜势竖立的羽毛笔，笔上一只小鸟欲展翅飞翔。书脊最上端烫一长方形蓝宝石的色粉箔块，在蓝宝石色上留出一个白色府绸布的和平女神形象，在它下方"美国诗选"书名四个宋体字烫金色电化铝，书脊最下端烫金色电化铝三联书店的徽标。整个封面、书脊、封底全摊平放在桌上，在一片纯白色中只见书脊正中上端一小块宝蓝色和 4 个金色的宋体字书名与书脊最下端的金色三联书店徽标，显得素静文雅、富有诗意。

《美国诗选》的包封用的是无光的胶版纸，从包封前勒口起至后勒口止，从上到下用海蓝色、白、大红色分成三段，整个包封的 85% 印海蓝色大满版，仅在海蓝色下端留出两小条横线，一条白色、一条大红色，这两条线用毛笔随意地画出，显示出流动感，大红、白、海蓝三色是美国国旗色的象征，蓝色上散落几颗白色的小星星。包封封面右边用银色印一支羽毛笔，笔上有一只小鸟张着嘴正展翅向上飞，"美国诗选"书名 4 个宋体字反白，白字下边是黑字英文书名，安排在包封封面左下角，包封书脊上端印一银色长方形，银色中和平女神反阴露出海蓝色，其余编者、译者、出版者均小字反白。 整个包封色彩象征着美国文化，整个白素的精装封面让人感受到诗情与画意。

我在《美国诗选》一书的封面设计上选择装帧材料是经过比较的，我认为特种工艺纸与涂塑纸时尚味较浓，麻纺织品纹理太粗糙，丝纺织品太华丽富贵，都差强人意。于是我想起了在 1975

图 8-53　蓝色棉布用在《1894-1994 国际奥林匹克委员会一百周年》（Ⅰ Ⅱ Ⅲ三卷）封面以及三卷的书套上

年所设计的三卷《资本论》新译本时，封面采用棉纺织品府绸布的经验，府绸布的视觉与触觉给人以素雅、精致的感受，较适宜作《美国诗集》一书的精装封面面料。于是选定用棉纺织品中的白府绸布作该书的封面材料。

棉纺织品中的市布作封面装帧材料。1996 年，我国在申办 2000 年奥运会期间翻译了国际奥林匹克委员会 1994 年出版的《1884-1994 国际奥林匹克委员会一百周年》（Ⅰ Ⅱ Ⅲ三卷），该书开本很大，成品尺寸 260mm×315mm，硬面圆脊精装加书套。封面面料用棉纺织品中的蓝色棉布，裱 3mm 厚灰纸板。封面、书脊、封套上的五环标志以及书名、卷次、国际奥林匹克委员会的所有文字均烫白色粉箔（见图 8-53）。

三、丝纺织品

纺织类中的麻纺织品与棉纺织品的装帧材料在精装书籍上应用的实例已介绍，现再介绍丝纺织品作书籍精装面料的几个实例。

1954 年中华人民共和国第一部宪法由人民代表大会通过，当时中央责成人民出版社出版这部宪法，我接受负责此书的装帧设计，出版部决定出精、平两种版本，采用 635mm×927mm 规格的纸，16 开本，成品尺寸为 152mm×215mm。我在设计精装本时，除了使封面设计尽显庄重大气，还精心考虑选择何种装帧材料。《宪法》内容容量不大，正文排版后仅 86 面，书芯连书壳的厚度也只有 8mm，这样一本重要内容的书但厚度却很薄，要彰显这本书的重要性，只能从封面设计与封面装帧材料的质感上去体现，但当时的专用的精装书籍面料有硝化棉漆布，其次是亚麻布与府绸之类的纺织品，这几种材料似乎都不够理想。中国人民的第一部《宪法》是载入史册的书，是要长期保存的书，装帧材料要经得起时间的考验。因此我想到了我国考古发掘出土的文物中，有缣帛这一类的文物，缣帛是蚕丝织物，它埋在地下 2000 多年都没有腐烂，于是我决定用丝织品作《宪法》精装本的面料。

丝纺织类品种繁多，究竟选择哪一种最合适，我对这方面不甚了解，于是我去询问丝绸公司门市部负责人，请他推荐，他思索后说：蚕丝品种中，最最上品的要算"杭州厂丝"，其价也贵，可送染坊定色印染（见图 8-54），我请他给我 1m 的样品，待做成样书，经烫压印工艺测试后再决定。

图 8-54 白色蚕丝定色印染的几种色相

烫压印样本共选定了 4 种装帧材料：1. 正文用 60g/m² 凸版书籍纸；2. 精装封面面料染成浅米黄色蚕丝（杭州厂丝）；3. 精装封面内裱三号马粪纸（黄纸板）；4. 包封用 80g/m² 道林纸。我先设计出一个原大的彩色封面大样与一个彩色包封大样，样本由新华印刷厂制作，经人民出版社出版部认可后转送出版总署审批，出版总署批审同意，又想到应送中南海，请刘少奇审核，因为封面上"中华人民共和国宪法"长宋体美术字是刘少奇指定的。于是派我将制作好《宪法》样本送中南海。《宪法》设计和 4 种装帧材料最终由刘少奇批准（见图 8-55）。

图 8-55 蚕丝中最上品的"杭州厂丝"用在《中华人民共和国宪法》封面上

另一本用丝纺织品作精装面料的是《中华人民共和国发展国民经济的第一个五年计划》，1955 年 8 月版本，开本与《宪法》相同，成品尺寸是 152mm×215mm，硬面圆脊精装（见图 8-56）。封面面料用的是豆绿色绢丝纺。封面设计仅用红与金两色，封面正中偏上，先烫上一长方形红色粉箔块，后在红色块上用纯金箔烫印书名。书名字体用"宪法"书名字体，书名共 21 个字，分成三行横排，书名下还有一行"1953—1957"字。在红色块四周的封面上以钢铁工业、化学工业、水利、林业与农业等内容的钢笔线条装饰画组成，烫纯金箔色，书脊从上到下先烫一长条红色粉箔色块，在红色块上用三号老宋体直排 21 个字的书名，也是烫纯金箔色。

丝纺织类品种作书籍装帧材料的还有一个品种叫"双绉"，北京申办 2000 年奥运会申请书及三份函件就采用这种材料。当时媒体报道："三份函件的样式都是专门设计制作的，16 开本

图 8-56 豆绿色绢丝纺用在《中华人民共和国发展国民经济的第一个五年计划》封面上

（210mm×295mm），印刷精美。正文均以北京奥申委的会徽为底图，封面用蓝色双绉装裱成中国传统式样，字体烫金。三份函件被同时装在一个古香古色的丝织锦盒内，精致大方，古朴典雅，极富东方文化的色彩魅力。

三份函件，封面上均有中文、法文、英文三种文字，以及北京奥申委会徽，烫金色电化铝，内文是信函文本以及落款与致函者的签名体，印黑色。文本正中的北京奥申委会徽用假金色网纹印作底图，文本四周用中国长城城墙一凹一凸组成边框，印假金色。

封面是硬面圆脊书壳，书壳面用蓝色双绉裱3mm厚灰纸板，封壳内中缝处加一条3mm宽的红色丝带，丝带上下两头裱进内衬纸下，丝带中间形成空的，将中文、法文、英文内容的印页对折，插进红丝带内，再把封面、封底向内一折，一本薄薄的硬面圆脊精装形式，有中国素雅大方的东方文化品位的申办奥运会的推荐信就精彩地呈现出来了。（见图8-57）

图8-57　蓝色双绉用在《李鹏总理的函》封面上

皮革类精装封面装帧材料

约在15世纪，我国新疆地区就出现过用羊皮、骆驼皮等皮革制成书籍封面，这种书籍形式不同于包背装、蝴蝶装，它的书芯是纸质，而封面、书脊、封底都是用的皮革。这种书籍形式具有新疆地方特色，开本为16开左右，其封面近似四面连体的书套形式，色彩一般为皮革本色，也有将皮革部分或全部染上其他色彩，还有烫压印各种皮革纹理，再烫压印纯金箔书名与图案。

19 世纪后期，用机制纸双面机械印刷的书籍有平装、精装两种形式，精装还分软面精装与硬面精装两种，19 世纪西方人到中国传教，传教士手中总拿着一本小开本的羊皮面软精装的《圣经》，后来《圣经》翻译成中文，其中就有一部分印装成羊皮面软精装，是专门送给那些在教会工作的中国教士用的，不是正式出版物。20 世纪 30 年代，在中国排版、日本印装的《海上述林》用皮革精装与丝绒精装，这是在中国较早的采用皮革作精装书封面的范例。

一、羊皮革

1956 年《马克思恩格斯全集》出国展览，该书的开本是 900mm×1220mm，特大 32 开，成品书尺寸为 145mm×215mm，原精装本装帧材料质量不高，须重新改装，选羊皮革作装帧面料。考虑到全集共四十六卷，每卷印数 3.7 万册，即使改装 1000 册，全集总改装 4.6 万册，用羊皮革投资成本太高，因此我设计时没有用全皮革作精装面料，而设计成露底漆布面皮革书脊的布面皮脊硬面圆脊精装。封面封底用灰色露底漆布，封面上方烫压直径 55mm 圆形马克思恩格斯浮雕头像，书脊用黑色羊皮革，书脊延伸封面封底部位加宽 28mm，形成宽脊布面形式。书脊从上至下分烫三条鼓出的双线竹节，分成上下两段，上段 125mm，烫《马克思恩格斯全集》书名，下段 80mm，烫卷次数字，全用纯金箔烫印（见图 8-58）。

图 8-58　黑色羊皮用在《马克思恩格斯全集》特装本书脊上

为了准备北京申办 2000 年奥运会向国外宣传介绍北京，在出版《北京百科全书》普通精装的同时，改装 100 本特精装帧形式，用于赠送外宾。考虑到欧洲各国特别是德国谷登堡在 14 世纪中叶，印装书籍惯用皮革作封面材料，皮革虽昂贵，但改装数量不大，用皮革作装帧面料作为礼品、纪念品成本是不成问题的，于是将 100 本改装的《北京百科全书》采用蓝靛色全羊皮面硬面圆脊精装。

羊皮革作封面材料，加工较复杂，需要经过五六道工序，最主要的是把羊皮背面削薄打磨平整，在封脊四周包折口处还要再削薄，便于裱灰纸板书壳时易于折过去粘贴住，在装订粘贴环衬后不至于鼓得很高。羊皮革封面在烫压印工艺时，金属烫版温度要比其他封面材料高，压力也要增大，停留时间也得稍长，才能使羊皮达到一定的可塑性。《北京百科全书》小 16 开，成书尺寸为 183mm × 260mm 封面上用纯金箔烫印中英文书名，字迹清晰四周光洁（见图 8-59）。书名下方正中的一块方形先压凹，后镶嵌粘贴一张金纸，然后用 3 个层次雕刻成的北京天坛图像铜版，在烫印机上烫压，图像层次细腻完整。全书既然采用了全羊皮硬面圆脊精装，封面上烫印工艺较精细，那么在其他方面也应以精细加工来匹配，例如书脊上加烫一大块红色漆片与 3 道鼓起的半圆形竹脊背；书芯天头滚金口；书芯脊上下堵头用红白混织的丝织带；加一条 3mm 宽的橘红色夹页丝带；书外增加一个用金色沙粒纹工艺纸裱糊在 3mm 厚的灰纸板的书套。使《北京百科全书》从外到里显出有纪念性和礼品性的贵重的品位。

图 8-59　蓝靛色羊皮用在《北京百科全书》改装的特精装本上

二、猪皮革

1980 年底第一部《中国大百科全书》天文卷出版，中国由此有了自编的百科全书，此书的出版是当时国内出版界的一件大事。

中国大百科全书出版前，曾有一段时间作过规划，包括版本、开本、装帧、正文版式、印制工艺与装帧材料。在采用何种开本方面，曾在大、中、小 16 开中比较过，按社会实际情况为准。对文化单位、教育单位的图书馆或资料室调查，各种文化单位、教育单位的图书馆或资料室以及读书人家中的书架、书柜与书橱的放书的书档高度，多数高在 290~300mm，少数在 300~310mm 或以上的，根据这个数据，全书采用小 16 开精装，成书高 266mm，放在书架上有 24~34mm 的空间可以取书下架、放书上架，且都比较合适顺手，经社编委、美编室、出版部一致同意全书的开本采用 787mm×1092mm 的 16 开，成书正文 185mm×260mm 精装本加书壳 190mm×266mm。版本分三种，国内大量发行的有两种（精甲与精乙），少量的有国内与国外发行的特精装本。特精装本主要考虑装帧形式品位上与装帧材料档次上的提高，又考虑到皮革类的装帧材料决定布面皮脊硬面圆脊精装装帧，布面采用粗亚麻布，涂上咖啡色硝化棉制成露底漆布，皮脊改用制革厂猪皮下脚料，染成酱红色，粗亚麻与猪皮配搭，显现出粗犷、厚重的视觉感与触觉感，满足了工具性书籍耐久、实用的需要。特精装本在设计上考虑它的庄重大气，因此封面上全空，不放书名文字，仅以封面粗犷厚实的材质彰显品位。

图 8-60 酱红色猪皮用在《中国大百科全书》特精装书脊上

但书放到书架上，书脊必须清晰地标明书名、分卷名与出版社的标志。书脊也应有厚重感，在书脊上烫压出四条 6mm 宽的鼓起的竹节，分割成三段面：上段面高 130mm，直排《中国大百科全书》书名，书名上下各加一条横线，宽为 45mm；中段面高 25mm，横排天文卷三字；下段面高 73mm，上下居中放一个直径 18mm 圆形的社标标志，标志上下各加一条横线，书名、卷名、标志与四条线均烫金色电化铝（见图 8-60）。特精本硬面封面外加 180g/m² 高光铜版纸包封，包封上用百科社标标志缩小版拼成大满版作底纹装饰，用金黄色印在米黄底色上，包封封面正中偏上印一个黑色直径 56mm 的圆形社标标志，书脊上直排《中国大百科全书》书名与"天文卷"卷名，书名、卷名字印黑色，包封印刷后覆亮膜（见图 8-61）。

一本是特大 32 开，封面用市布，书脊用羊皮的《马克思恩格斯全集》，另一本是小 16 开，封面用亚麻布，书脊用猪皮的《中国大百科全书》。这两本书属布面皮脊类硬面圆脊精装，但用了 4 种不同材质的装帧材料：（1）市布底、露底漆布，经纬细软，烫压马克思浮雕头像层次细致清晰；（2）黑色羊皮脊烫上纯金箔书名，显得庄重典雅；（3）亚麻布底、露底漆布，经纬较粗，结实耐用；（4）猪皮比羊皮厚，表面纹理粗，厚实耐看，适合大开本工具书

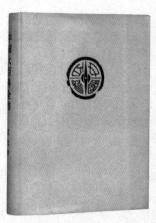

图 8-61 《中国大百科全书》特精装外加 180g/m² 高光铜版纸包封，用 3 个专色印刷后覆膜

使用。这体现了书籍装帧设计首先考虑了书的类别与性质，以及对读者对象的使用要求，在这基于这两点上认真研究选择装帧材料的类别与品种，还要注意材料的实用价值与经济价值，同时注意它的审美价值。任何一种装帧材料，只有将这三种价值之间的关系相融相称得合理，装帧材料才有它自身的生命力，这样的装帧材料使用后，才具有广阔的社会生命力。

三、牛皮革

采用牛皮革作精装书籍封面装帧材料的书，我没有设计过作品，只能举一个别人采用牛皮革作精装书籍封面的实例。

北京出版集团出版的《成吉思汗》，采用 635mm × 965mm 8 开本，成品尺寸为 225mm × 300mm，此书内容是介绍古代北方草原游牧民族的 3000 年来的历史文物精品，是一本大型图片摄影集，硬面平脊牛皮面全精装。蒙古族是放牧牛羊的游牧民族，此书选用牛皮革作封面装帧材料，非常贴切，切合内容，实用美观，可以说从选材上就具有一定的典范性。

此书的整体装帧设计也是精心构思的、独具特色的一件作品。采用两个牛皮革品种合成，一是深棕色光面牛皮；一是浅棕色不规则纹理的牛皮。深色光面的作宽书脊，延伸到封面、封底五分之一宽，浅色纹理的占封面、封底的五分之四宽。封面五分之四整个由蒙古族图案组成，只在正中竖直留出一小块烫直排汉蒙文《成吉思汗》书名，用深栗色压凹底色，浅色牛皮凸起汉蒙文书名。靠书脊的五分之一光面牛皮上烫深栗色各种内容的小字，书脊上《成吉思汗》4 个宋体书名字烫金色，其余的字烫深栗色。封底正中偏上烫了一个深栗色图案。封面、书脊、封底三面打开摊平是一幅非常完整壮丽的画面（见图 8-62）。此书前后环衬用 120g/m² 双面金纸，正文用 120g/m² 亚光铜版纸，上、右、下三面切口滚金口。

用皮革类材料制作书籍封面，在我国还不是普遍的现象，

图 8-62　采用两种牛皮革合成，一是深棕色光面牛皮，一是浅棕色不规则纹理牛皮，拼接成硬面精装封面

不像西欧国家，早在 14 世纪就已很普遍，因为这种西式的硬面圆脊精装就是西洋书籍传统的形式，而我国是 19 世纪有机制纸并且在机械印刷后才有机会借用这种软面或硬面圆脊精装形式。也才有精装面料从纸张类、纺织类、漆布类、PVC 涂塑类到皮革类的应用。

皮革类不仅有羊皮、猪皮、牛皮，据我了解在西欧还有用鹿皮、兔皮、骆驼皮及其他动物的皮革品种。

下面从各种皮革制作的书籍封面样品中可以看出它们在皮革上的各种不同纹理和染色的技巧，以及制作的工艺，例如用金属镶嵌并在封面、封底之间加上搭扣锁住（见图 8-63）。

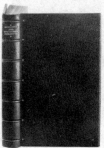

图 8-63　各种色彩纹样的皮革

第七节

精装封面硝化棉漆布类装帧材料

精装书籍封面面料除以上释述的几种装帧材料外，还有一种在新中国成立前后被广泛应用的俗称"漆布"的材料。漆布的底布是棉布，在棉布上涂上添加黏合剂、柔软剂和颜料的化工材料

图 8-64　咖啡色硝化棉漆布
用在《李大钊选集》
封面上示意图

图 8-65　姜黄色硝化棉漆布用
在《中国通史》各卷
书脊上示意图

图 8-66　土黄色硝化棉漆布
用在《老舍剧作全
集》封面上

硝化棉混成涂料，通过涂布机在棉布上经过 8 道涂布工序，才将底布全部覆盖住，然后用光面钢滚筒冷压一次，再用刻有纹样的钢滚筒热压，表面即显出有纹样的漆布，这种漆布从新中国成立至今还没有完全淘汰。

1. 1959 年我在人民出版社设计的《李大钊选集》（大 32 开，成书为 140mm×204mm）硬面圆脊精装封面就采用了咖啡色硝化棉漆布装帧材料，内裱 5 号黄纸板，封面、书脊、封底设计成满版烫压凹凸图案纹样（见图 8-64），书名烫纯金箔，这是有目的地测验用高温烫满版图案在硝化棉漆布上效果是否良好。但没有想到图案纹理不仅很清晰，而且凹凸起伏很平整，此书出版后受到出版、印刷单位好评，这是硝化棉漆布装帧材料性能承受的最严格的考验。

2. 20 世纪 70 年代第 5 版《中国通史》大 32 开，成书为 140mm×204mm，纸面布脊硬面圆脊精装，书脊采用姜黄色硝化棉漆布（见图 8-65）。此书为多卷本，封面纸用 70g/m² 胶版纸，各卷均用一个黑色印书名图像，再配一个不同色相作封面封底底色以资区别，双色胶印，内裱三号黄纸板，书脊烫金色书名、卷次、出版社名。

3. 20 世纪 80 年代，中国戏剧出版社编辑同志请我为他们社最近要出版的《老舍剧作全集》设计封面，并说这是建国以来出版的第一部现代作家的剧作全集，准备同时出版平装、精装两种版本，我接受这项设计工作后，着重平装本封面设计，因为平装封面设计可作精装包封用，平装本封面设计通过后，设计精装封面，精装封面用硝化棉漆布，由我提出配色方案（黄 6%＋红 50%＋蓝 40%）并生产，将书名在封面居中分成三行、书名用细线勾成空心字烫金（见图 8-66）。

4. 1980 年，中国大百科全书出版社成立，我被调去筹组美术摄影编辑部工作，《中国大百科全书》装帧设计规划书是我拟定的。社徽与《中国大百科全书》封面通过上海、北京两地装帧界广泛征稿，最后由专家与领导提意见修改而成，社徽是圆形瓦当，中间为指南针形，两旁分写"中国百科"4个篆书体美术字，第一版甲种本《中国大百科全书》采用787mm×1092mm小16开硬面圆脊精装，成书尺寸为184mm×260mm，从1980~1993年七十三卷上连续14年采用深红色橘皮纹硝化棉漆布装帧材料（见图8-67）。

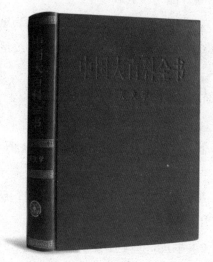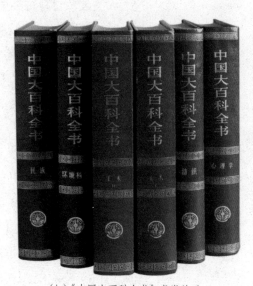

（a）深红色橘皮纹硝化棉漆布用在《中国大百科
全书》七十三卷封面上

（b）《中国大百科全书》书脊并列

图 8-67

硝化棉漆布的基底是棉布，棉布比纸底结实，因此曾在20世纪50年代至90年代末兴盛一时，但硝化棉涂料在气候变化时它固有的缺点就暴露了，夏季炎热时硝化棉涂料就软化发黏，到了冬季寒冷时硝化棉涂料就呈现出干裂剥落的现象。

硝化棉溶剂是20世纪30年代由美国商品溶剂公司开发的。但美国也只生产了30年，到了60年代，美国就开发出PVC溶剂涂料，替代了硝化棉溶剂涂料。PVC溶剂涂料韧性很强，且不必采用棉布作底，可直接涂布在纸底上，纸就不易撕裂，而且它的表面能进行印、烫、压，塑性极好，接受装订工艺技术上的裁切、裱糊、折帖、扒圆起脊，基本所有工艺都能自由适应。我国采用 PVC 装帧材料作封面面料始于 70 年代末，是由北京装帧材料服务部用外汇向意大利采购的 "PVC 涂塑纸"。

精装书籍封面装帧材料，上面例举的有：1. 纸品类；2. 麻纺织类；3. 棉纺织类；4. 丝纺织类；5. 皮革类；6.PVC 类；7. 硝化棉类。这七大类装帧材料每类都有常备产品，现列表于下：

1. 纸品类：（1）胶版纸、（2）高光铜版纸、（3）亚光铜版纸、（4）皱纹纸、（5）雅莲纸、（6）特种彩色纸、（7）特种压纹纸、（8）彩色书皮纸、（9）卡纸。

2. 麻纺织类：（1）麻纱布、（2）细麻布、（3）麻布、（4）亚麻布、（5）粗亚麻布。

3. 棉纺织类：（1）细纱布、（2）细布、（3）棉布、（4）府绸布、（5）粗布、（6）土布、（7）拉绒布。

4. 丝纺织类：（1）真丝、（2）厂丝、（3）丝绸、（4）绢丝纺、（5）丝绒、（6）双皱、（7）印度绸、（8）织锦、（9）绫缎。

5. 皮革类：（1）羊皮、（2）牛皮、（3）猪皮、（4）鹿皮、（5）兔皮、（6）骆驼皮、（7）人造皮革。

6. PVC 类：（1）意大利产、（2）美国产、（3）日本产、（4）国产。

7. 硝化棉漆布类：（1）市布底光面漆布、（2）市布底压纹漆布、（3）市布露底漆布、（4）亚麻布底压纹漆布、（5）亚麻布露底漆布。

第八节

精装封面裱背纸板类 装帧材料

　　精装书封面与平装书封面的区别在于精装书封面比平装书封面在上、下、右要宽出 3mm，封面多数是硬面的装帧材料，也更多样化，讲究一点的精装书通常还要附加书套、函盒等形式。

　　因此精装封面装帧材料中还有裱背纸板与外包装书套书盒纸板材料，常用的有以下几种。

一、白纸板

　　白纸板有 0.5mm 与 1mm 两种厚度，白纸板本身有双面白与单面白两种。双面白是铸涂的，很光亮，与亮铜版纸相似，可以四色彩印与烫压印，利用各种设计体裁和艺术风格的施展，通常用作软硬面平装封面，在封面离书脊 8mm 处，压凹印 1mm 宽直线钢印一条，便于读者阅读时翻开合拢，手感很适顺，有一定的柔软度和弹性。

　　1. 单面白的纸板，背面是灰色的，通常可以用作软面精装封面衬底，裱糊上精装面料任何一类中任何一个品种，都是适宜的，但采用白纸板作软面精装的书，一般适宜小开本与中开本，大开本是很少采用的，小开本软面精装书是最容易见到的一种，如商务印书馆出版的《现代汉语词典》采用 787mm×1092mm 的 64 开本，成书为 127mm×90mm，是纸面圆脊软面精装，纸面是铜版纸四色胶印覆亚膜，内裱衬 0.5mm 厚的白纸板（见图 8-68）。

图 8-68　白纸板用在《现代汉语词典》软面精装封面衬背上

图 8-69　白纸板用在《毛泽东选集》四卷合订本小 32 开软面精装本衬背上

图 8-70　白纸板用作书套

图 8-71　1mm 厚黄纸板书套

图 8-72　2mm 厚灰纸板外裱装饰纸书套

2. 另一本软面精装本是《毛泽东选集》四卷合订本，那是 1964 年我在人民出版社美编室工作时设计的，开本采用 787mm×1092mm 的 32 开本，装帧形式采用软面圆脊精装。装帧材料采用：1. 封面面料硝化棉漆布；2. 封面衬底 0.5mm 白纸板；3. 前面环衬 120g/m² 双面米色书皮纸；4. 扉页 80g/m² 胶版纸；5. 像页 80g/m² 凹版印刷纸；6. 正文 25g/m² 字典纸；7. 夹页带 3mm 宽红色丝织带；8. 封面书脊书名烫化学金（见图 8-69）。

3. 白纸板除了在软面精装上应用外，还可用在书套上。书套惯用 1mm 厚的规格，但也有直接采用 0.5mm 的单面白、背面灰的白纸板作书套的。例如 1989 年上海译文出版社出版的《世界文学名著珍藏本》，大 32 开本，成品尺寸为 140mm×203mm，全织物硬面圆脊精装加包封装帧形式，外加 0.5mm 厚的白纸板制作的书套，书套正面上方是中英文书名与著译者字印黑色，书名下方印一小块金色，中间用金色电化铝烫分三行排的"世界文学名著珍藏本"（见图 8-70）。

二、黄纸板

黄纸板有 0.5mm 与 1mm 两种。《简明不列颠百科全书》（小 16 开，成品尺寸 183mm×260mm）的书套就采用 0.5mm 厚的黄纸板。另一本《鲁迅全集》大 32 开硬面圆脊本，成品尺寸 140mm×213mm，书套采用 1mm 厚黄纸板，如图 8-71 所示。两书书套开口形式略有不同。

三、灰色纸板

书套除了上面介绍的白纸板与黄纸板这两类纸板外，还有一种灰色纸板，作书套书盒用相当普遍。灰纸板有 1.5mm、2mm、2.5mm 与 3mm 几种。例如《中国企业管理百科全书》采用 1.5mm 灰纸板，《北京百科全书》采用 2mm 灰纸板，裱糊金色蛋壳纹特种工艺纸作面料，没有印图文（见图 8-72）。《定

国文存》用 2.5mm 灰纸板裱糊热熔纸作面料，书套封面与封底
上烫印纹样，在封面与书脊上再烫印黑色书名字，书套天地头
用棉布裱糊，书套内可存放四册书，整体形态很得体耐用（见
图 8-73）。《艾中信印存》小开本成书尺寸 112mm × 150mm，
书套用 3mm 灰纸板裱糊特种工艺纹理纸作面料，用烫压凹
与印黑色两种工艺。《中国城市年鉴》大 16 开本，成品尺寸
210mm × 285mm，书套采用了 3mm 灰纸板，书套的封面、书
脊、封底的图文均与书的封面、书脊、封底完全相同，也经覆
亚膜、加压布纹纹理裱糊上，上下天头地脚用棉布包口。这种
形式的材料制作的书套，既可以保护较厚的大开本书，同时使
读者一目了然该书的类别、性质与特色，在书店陈列推广就容
易得多。

图 8-73 2.5 灰纸板裱热
熔纸

第九节

精装封面其他可用的 装帧 材料

一、《韶山志》

有些较特殊的重要文本，为了显示隆重，采用函装书盒
的装帧形式，例如 1993 年《韶山志》赠送中央和当地有关领
导，用了我国传统线装书的函装书盒装帧，六面全封口，用两
支骨针别住，书盒面料用中国丝织宋锦图案，盒面上用金属材
料镶嵌，上端一小块横条，铸刻上赠予人的名字，下方一大块
圆形铸刻上韶山图像与"韶山"两字（见图 8-74）。函盒中放
一本 16 开（183mm × 260mm）的硬面圆脊精装加包封的《韶
山志》。

图 8-74 宋锦裱在六合函盒
装的《韶山志》上

二、《朱镕基总理的函》

（a）朱镕基总理的函盒封面

（b）朱镕基总理的函封面

（c）打开的朱镕基总理的函

图 8-75

这本也是六面封口的函盒装，只是上面一页可以翻开，函盒内壁都裱衬 5mm 厚的泡沫塑料，且包上丝绒，留出一条取书带，函盒外部六面裱糊古色古香的丝织宋锦面料，函盒封面上镶嵌 3 条金属片，金属片上分别铸刻上汉文、法文、英文的"朱镕基总理的函"。函盒内装的是 2001 年我国北京申办世界大学生运动会给国际大学生体联执委主席内比奥罗的申请文本。函盒内外整体装帧形式体现了中国传统文化特色（见图 8-75）。整个函盒共用了以下几种装帧材料：

1. 函盒主体与文本封面内衬 3mm 厚灰纸板；
2. 函盒内衬泡沫塑料；
3. 包泡沫塑料用白丝绒；
4. 取书带为 3mm 宽红丝织带；
5. 函盒外裱面料为丝织宋锦；
6. 文本封面面料为绢丝绸；
7. 文本封面衬底为 3mm 厚灰纸板；
8. 文本封面面料下夹一层薄泡沫塑料；
9. 文本正文用刚古纸；
10. 文本正文中缝镶一条 3mm 宽的红丝带；
11. 文本封二封三裱米色刚古纸；
12. 函盒封面采用骨质别针；
13. 穿骨别签有 7mm 宽的金色丝织带；
14. 函盒封面上镶嵌金属片；
15. 文本封面字烫金电化铝。

全部装帧材料共计 15 种。

3mm 灰纸板作精装封面内裱背与作书套的都用在本子厚、开本大的书籍上。为了适合书籍体积重量的负重效应，例如《国际奥林匹克委员会一百年》硬面全织物圆脊精装，外加书套，此书用 787mm×1092mm 的 8 开本，成品尺寸为 260mm×320mm。正文用国产 157g/m² 铜版纸。封面与书套面料用海蓝色棉布。前后环衬用 200g/m² 胶版纸。此书分三册装订，三册书存放在一个单开口书套中，三册精装本书连同一个书套总重量达到 7kg 重。

第十节

正文装帧材料

以上介绍的各种装帧材料，都是属于书籍外在部位用的材料。至于书籍内在正文部分用的材料也需阐述，所谓书籍正文部分，是书籍用的纸张，它是书籍用纸数量最大的部位。

书籍正文是装帧材料的主体部分，是书籍的灵魂——思想、精神、知识的载体。白色纸张上印黑字，是读者最费眼力的部位。因此纸的白度与光泽度很重要，纸的柔软度与平滑度也很重要，读者阅读一本书要翻动几十次，甚至上百次，所有这些都对正文纸张的实用价值与审美价值提出了要求。下面介绍几种常用的正文纸，都是经过出版、印刷单位的长期考核后常用的正文纸张。

一、凸版纸

凸版纸早在新中国成立之前就是书籍正文专用纸，目前还少量应用。这种纸张有一定强度，纸质柔软，纸面也平整，厚薄均匀，吸墨性好，正文不透印。凸版纸白度一般不低于 60%~65%，如图 8-76 所示。它的定量分别 52g/m²、60g/m² 和 70g/m²，全开纸规格有 787mm×1092mm、885mm×1168mm、880mm×1230mm 和

图 8-76　正文凸版纸白度

889mm × 1194mm。

二、胶印书刊纸

胶印书刊纸是作为凸版纸的换代产品，也是满足单张纸、轮转胶印机的出现而生产出来的一种纸，这种纸的用途是供应出版社印刷书籍、文献和杂志。除具备了凸版纸所具有的性能外，它的白度也比凸版纸高，一般在 75%~80%（见图 8-77）。胶印书刊纸的定量分别是 $52g/m^2$、$60g/m^2$ 和 $70g/m^2$。它的卷筒纸规格有 787mm、880mm、850mm 和 889mm。这种纸抗张强度比凸版纸高，因为胶印书刊纸在印刷时的速度更高，抗张度提高是为了不断头。其次要有较高的表面强度和抗水性，因为胶印书刊要在橡皮布将润版液转移到纸上的同时承受印刷压力和橡皮布、油墨的黏附力，在和橡皮布分离时要承受一定的撕力，使之在胶印机上印刷时不发生掉毛、掉粉和糊版等印刷故障。也是为了保证印刷页上的文字黑色均匀一致，文字笔画清晰醒目。

图 8-77　正文胶印书刊纸白度

中国书籍出版社出版的《中国当代出版史料文丛》的正文用纸就是胶印书刊纸。胶印书刊纸的白度有多个规格、定量也各有差异。

三、书写纸

书写纸原是用于印刷表格、练习本、记录本等，但近年来也被大量用于印刷各类普通书籍的正文。书写纸的白度在 75%~80%，有较好的白度和不透明度、较好的均匀度和较少的尘埃度。因此被不少出版单位用于印刷中等质量要求的一般书籍正文。它的定量分别是 $45g/m^2$、$50g/m^2$、$60g/m^2$、$70g/m^2$ 和 $80g/m^2$，卷筒纸的规格有以下几档：787mm、880mm、850mm、889mm，单张纸有 787mm × 1092mm、850mm × 1168mm、880mm × 1123mm 和 889mm × 1194mm。

四、胶版纸

采用轮转与平台胶印机印刷的纸简称胶版纸，又称双面胶，是目前彩色印刷中最广泛使用的一种印刷纸。胶版印刷纸是专供胶印机进行多色套印的一种，常被用来印刷彩色画报、艺术画册，以及单页图片、画片，也用于印刷插图、杂志、期刊、宣传画和书籍封面等。胶版纸主要用于彩色胶印，印刷时的纸张变形将影响套准精度，为了增强纸张的抗水性能，提高纸张的幅面稳定性、表面强度，减少印刷过程中的掉粉、掉毛故障，抄造时要采用长纤维游离状打浆，并在干燥时进行表面施胶。由于胶印油墨多为氧化结膜干燥方式，为了提高油墨在纸张上的干燥速度，胶版纸的 pH 值应趋于中性或碱性。

胶版纸定量分别是 $60g/m^2$、$70g/m^2$、$80g/m^2$、$100g/m^2$、$120g/m^2$ 与 $150g/m^2$。随着国民经济的发展和人民文化生活的提高，其中 $60g/m^2$、$70g/m^2$、$80g/m^2$ 三种低定量的胶版纸被出版单位越来越多地用于高级书籍正文印刷纸。那些高克重的 $100g/m^2$、$120g/m^2$、$150g/m^2$ 的胶版纸多数是印彩色画报、艺术画册和宣传画，以及各种书籍的插图与封面。因此这种纸是目前有些出版社与印刷厂常见的书籍装帧材料，在纸库作为常备不缺的品种。

五、字典纸

字典纸在过去又称圣经纸，是 19 世纪西方传教士到中国南京、上海、北平传教，他们手不离一本小小的羊皮面圣经。圣经文字用纸很薄、很轻，纸面白而平滑，印小字很清晰，是当时西欧印刷圣经的专用纸，因此得名圣经纸。以后这种圣经纸也用于印字典，进入 20 世纪后，在中国逐步减少印圣经数量，而当时我国教育与文化事业正逐步地发展，学校、家庭、企事业单位越来越多地需要各种类型的字典与词典。市场需求促使印数也越来越大。圣经纸由于质量较高，平滑度与白度较好，印各种字体的小

（a）字典纸用在《辞海》正文上

（b）《辞海》封面

图 8-78

号字，字迹笔划精细清晰，双面印字不透光，是印刷不同开本大小、不同类型字典的最理想的专用纸。因此，我国渐渐地将圣经纸称为"字典纸"。

目前我国自产的字典纸，是一种薄型的高级印刷纸。主要供凸版印刷机和胶印机印制字典、袖珍手册、工具书及其他精制印刷品等。字典纸虽很薄，但抗张强度较大，在轮转机印刷时不产生断纸、不发生掉毛、掉粉现象等。纸面白度均匀没有尘埃、斑点等纸病。上海辞书出版社 1979 年出版的《辞海》用的就是字典纸（见图 8-78）。

字典纸的定量分别为 $25g/m^2$、$30g/m^2$、$33g/m^2$、$35g/m^2$ 和 $40g/m^2$。字典纸规格有卷筒纸与平张纸两种：卷筒纸为 787mm、880mm，平张纸为 787mm×1092mm、880mm×1230mm。字典纸也是我国书籍装帧材料中常备的品种之一。

六、薄凸版纸

薄凸版纸是凸版印刷纸中的一个特殊品种，它常作为字典纸的代用品，主要是供凸版印刷机印制字典、袖珍手册和工具书等用。它的定量较小、厚度较薄、白度较高，但它因适应不了胶印而区别于字典纸。它的定量分别有 $30g/m^2$、$35g/m^2$ 和 $40g/m^2$，定的规格有 787mm×1092mm 和 850mm×1168mm。

七、轻型胶版纸

轻型胶版印刷纸是指密度（紧度）较小，松厚度较大，同样定量比一般双面胶版纸厚度大的纸张，这种纸张是由瑞典蒙肯公司引入中国并逐渐在国内普及应用，因此也被称作蒙肯纸。蒙肯纸一般应用的是呈浅米色的，目前我国自产类似蒙肯纸的胶版纸中有一个品种是米色轻型胶版纸。这种纸在抄制过程中压榨的压力比较小，压光方式采用轻压光，压力也比较小，目的是保证纸张的厚度和挺度。这种纸张松厚度规格有 1.3、1.5、1.7 和 1.8 四种，

它的定量在 $60\sim85\mathrm{g/m^2}$ 之间，是我国不少高档书籍采用的正文印刷纸。

八、铜版纸（涂布纸）

铜版纸，是用于供胶印印刷彩色画册、画报、期刊、艺术作品集以及美术图片等的高档印刷纸。铜版纸是一个习惯性名称，准确的名称应该叫做印刷涂料纸，之所以被称为铜版纸，是因为在 1852 年国外发明了凸印网目版，其印版是铜质的。这种印版需要在表面平滑的印刷涂料纸上进行印刷，国内最早使用这种纸张是用于铜版印刷，所以被称为铜版纸。自从 1926 年胶印发明前后，铜版纸更多地应用于胶印，在凸版基本淘汰后，这种纸张就应该正名为印刷涂布纸。国外印刷涂布纸一般按对纸面涂布涂料量的大小分成三类：第一类是每面每平方米涂布量在 20g 以上的，甚至有两次或三次涂布的，称为重量涂布纸即——铜版纸；第二类是每面每平方米涂布量在 10~20g 之间的，称为中涂纸；第三类是每面每平方米涂布量在 10g 以下的，称为轻涂纸。

我国目前市场供应的中涂纸按定量分别有 $60\mathrm{g/m^2}$、$70\mathrm{g/m^2}$、$80\mathrm{g/m^2}$、$90\mathrm{g/m^2}$ 和 $100\mathrm{g/m^2}$。其中 $60\mathrm{g/m^2}$、$70\mathrm{g/m^2}$、$80\mathrm{g/m^2}$ 一般都是书籍正文常用的印刷纸。轻涂纸定量分别有 $55\mathrm{g/m^2}$、$60\mathrm{g/m^2}$、$65\mathrm{g/m^2}$、$70\mathrm{g/m^2}$、$75\mathrm{g/m^2}$ 和 $80\mathrm{g/m^2}$，都是书刊正文可选用的印刷纸。

书籍正文装帧材料，基本上都是属于纸品一类，只是其品种性能、白度、光滑度、光泽度、定量与规格各有不同的组合差别。其中凸版纸、胶印书刊纸、字典纸与薄凸版纸是专为书籍正文印刷用的常备品种。轻型米色胶版纸是为较高档的书籍正文印刷用纸，书写纸则是书籍正文可借用的一个印刷纸的品种，胶版纸中定量较低的例如 $60\mathrm{g/m^2}$、$70\mathrm{g/m^2}$、$80\mathrm{g/m^2}$ 这三档纸常被书籍选用作正文印刷，中涂纸与轻涂纸的定量为 $55\sim82\mathrm{g/m^2}$，都是书籍正文适用的印刷纸。作为书籍正文可选用的纸品种是较多的，各出版、印刷单位根据书籍不同类别、不同用途、不同读者等需要，让纸张与印刷的实用价值与审美价值很好地发挥作用，读者也就有了较宽的选择余地，同时使生产与经营装帧材料的单位不断增添新品种、提高质量、改进管理与服务，使我国的书籍正文用装帧材料能够保持良好的社会声誉。

除了以上举出的书籍正文用纸品种外，还有两种特殊的书籍正文用纸，即盲文书纸和地图纸。

九、盲文书纸

盲人书籍不是以眼读书，而是借助手指的触觉来摸读文字的。这些文字是由凸起于纸面的 6 个以内的点组合方式形成的，书页为硬纸，在外观上与牛皮纸相似，但质地强韧，具有很高的强度和耐破度，必须平整、没有褶子、孔洞或其他影响使用的纸病。盲文印刷纸的定量为 $110{\sim}125g/m^2$，纸为卷筒纸，宽度 635mm 开切各种不同需要的单张纸。

十、地图纸

地图纸是专供胶印机印制多色地形图、地图和地图集的高级印刷纸。这种纸类似胶版纸，但比胶版纸要求更高，除了具有胶版印刷纸的性能要求外，还要求变形性和伸缩率特别小，并且要具有一定的耐光性。地图纸在印刷过程中要经过多次套色印刷，每次套色印刷，纸张都要受到润版液的润胀作用和油墨的黏附作用。为使所印刷的图形清晰、准确，纸张要求纸面平滑、隐形性好、伸缩率小，以免套色不准，使各区域的颜色边界线处互相交叠，影响视觉效果及使用效果。由于地图纸在使用过程中难免会受到反复折叠及水汽的侵袭，因此纸张要求有较好的耐折度、耐湿和施胶度。另外，为了避免因尘埃引起阅读者的识别错误，地图纸对尘埃度也有严格的限制。地图纸分为特号和一号两种。特号供印制地形图，一号供印制地图和地图集书籍（见图8-79）。特号的定量分别为 $80g/m^2$、$100g/m^2$ 和 $120g/m^2$，一号的定

图 8-79 印地图书籍的
地图纸

量分别为 80g/m²、90g/m²、100g/m²、120g/m² 和 150g/m²。地图纸全部为单张纸，规格尺寸有 787mm×1092mm、850mm×1168mm、590mm×940mm、920mm×1180mm 和 940mm×1180mm。

书籍正文装帧材料除前面那一类的近现代木浆为主的机制纸张之外，在我国还有一类书籍正文用纸张，那就是我国传统形式的中国线装书籍所用的纸张，这一类书籍正文纸在过去都是采用手工抄制工艺生产的，即琉璃厂一带卖传统纸张的商店都有出售，其中有代表性的是荣宝斋门市部出售的宣纸、毛边纸、连四纸等，这类纸张是印传统装帧书籍正文用的最理想的纸张。

十一、宣纸

唐代皖南宣州地区盛产青檀树，当地人们用这种树的皮为原料，制造出一种高质量的书画纸，这便是驰名天下的纸中精品——宣纸。宣纸的制作目前还保留着手工抄纸的工艺。手工抄制的宣纸主要是供书法家、国画家创作使用。但有些高档的线装书也采用它作书籍印刷用。宣纸作为现代印制我国传统文化内容的书籍，建国后不但给予保留，而且有了很大的发展，由此在 70 年代后我国制造业抄制宣纸时，纸浆用机械打浆，用圆网或平网的机械生产无限长度的卷筒机制宣纸，然后再在开切机上裁切几种不同规格幅面的单张纸，专供印传统文化内容的古籍书用。北京有中华书局、荣宝斋、线装书局、古籍出版社等，外地有天津、上海、山东、山西、江苏苏州和扬州、浙江、河南郑州等古籍出版社及书局等。可见我国传统线装书的出版物品种相当丰富，印数与用纸量也相当可观。

宣纸线装书形式一般都偏长，约在 1：2 和 1：1.6 的比例，这是由单张宣纸幅面尺寸所形成的。目前宣纸有两种规格：一种为 97cm×180cm；另一种为 97cm×153cm。例如《齐白石手批师生印集》属 1：2（见图 8-80），《槐聚诗存》属 1：1.6（见图 8-81）。

这两种书的装帧材料也有特色：《槐聚诗存》封面用藏青染色

图 8-80　宣纸线装书中的
1：2 比例

图 8-81　宣纸线装书中的
1：1.6 比例

宣纸，书签用单宣印黑色书名和红色印章，正文印黑色，书口鱼尾和正文栏线印绿色。正文单面印，背对背对折，装订口裁切齐并在书脊上、下角裱糊上有色绫纸，这是为了避切口书角松散或起卷角，然后用双股丝线在四眼中穿线装订，形成传统的线装书籍装帧形式。《齐白石手批师生印集》封面也是藏青色宣纸，左角书名签用泥金宣，正文印黑、绿、红三色单面印刷，背对背对折，中间还加添一页白报纸，以避免正文印章红泥透印，形成四眼线装书装帧形式，因该书有两册，添了一个四合函套，上下开口。函套面料用金色与暗绿色混织的宋锦纹样，纹样古朴典雅，内裱四号黄纸板，函套封面左上角粘贴一条宽43mm、高260mm的书名签，书名签用茶色皮纸与白色宣纸粘贴后裁切，形成茶色书名签四周2mm宽的白色宣纸边框，将这条书名签粘贴在金暗绿混织的宋锦封面上很醒目、清晰。

宋锦函套的封面左边口上下各配置了一个骨签，函套左侧面裱料时已镶嵌了两个插空，这是我国传统线装书中的一种比较讲究的装帧形式，再讲究的是六合函套，最讲究的是如意扣函套形式。册数多的用木材做木箱，一面有上下抽插的活动门便于存取书籍。

《槐聚诗存》与《齐白石手批师生印集》是传统线装书装帧，用的装帧材料有：（1）文单宣；（2）书名签夹宣；（3）藏青染色双夹宣；（4）函套封面茶色皮纸；（5）封面书名签泥金宣；（6）函套黄纸板；（7）黄纸板裱衬毛边纸；（8）函套面料宋锦；（9）骨签；（10）包角绫纸；（11）丝线。

十二、竹纸——连四纸

明朝手工业以及封建商品经济的发展，造纸业也随着发展。造纸业已遍及城、镇、乡村和山区，在安徽、江苏、浙江、江西、福建、广东、四川等省造纸比较发达。当时造纸原料主要有竹、皮、麻，其中竹纸产量很大，明万历（1573~1620年）以后，民间刻印的戏曲、小说以及地方志都采用竹纸印刷。竹纸品种繁多，如连四纸、毛边纸、毛太纸、顺太纸、粉连纸以及长连纸等，其中连四纸与毛边纸纸质柔韧，托墨吸水性能好，为传统文化内容的作品线装的专用纸张。

连四纸以嫩竹为原料，经石灰处理，漂白打浆后，用手工抄出而成，纸质细匀，历久不衰。

中国江南一带竹林茂盛，分布面广，产量很大，而竹不用人工栽种，每年都能长出一批新竹，资源丰富，价廉易取。现在我国早已采用机械制浆，机械生产的卷筒连四纸，提高了胶印印刷效率，切成单张纸为 787mm×1092mm。《董解元西厢记》成品尺寸为 160mm×255mm（见图 8-82），《清任渭长的白描人物》成品尺寸为 160mm×270mm（见图 8-83），都是 787mm×1092mm 的 16 开本。

机制连四纸在北京中华书局、古籍出版社、荣宝斋出版社、线装书局得到广泛的应用，上海、天津、山西、江苏、浙江等古籍出版社多数采用连四纸印装线装书，连四纸用量也十分可观。

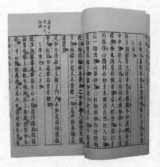

图 8-82　连四纸用在《董解元西厢记》上，线装书成品尺寸为 160mm×255mm

十三、凹版印刷纸

凹版印刷纸是专供凹版印刷的高级纸张，这种凹版印刷纸适应单色（包括专色）和多色印画报、美术图片、正文中插图页、彩色画册，以文物、文献类书籍应用较多。凹版印刷纸纸质洁白、坚挺、抗张度较高，纸张纤维均匀度高，伸缩性小，纸面正、反面的平滑度均不小于 180s，印刷时吸墨性较高，纸面不掉粉、不起毛。凹版印刷纸采用漂白针叶木化学浆或棉浆，以及部分漂白化学麻浆为主要原料。浆料经黏状打浆后，加填料 20% 左右，进行轻度内施胶后在长网多缸造纸机上抄造完成。

凹版印刷纸的定量分别为 70g/m²、80g/m²、90g/m²、100g/m² 和 120g/m²，凹版印刷纸有卷筒纸和平张纸两种，卷筒纸规格为 787mm、880mm，平张纸规格为 787mm×1092mm 和 880mm×1230mm。

图 8-83　连四纸用在《清任渭长的白描人物》上，线装书成品尺寸为 160mm×270mm，16 开本

第十一节

内页插图的装帧材料

书籍内插页装帧材料除了最基本的正文载体的纸张材料外，还有少数书籍内在正文中配上插图页用的装帧材料，常用的有以下几种。

一、胶版纸

通常是指双面胶版纸，区别于单面胶版纸。双胶纸是目前彩色印刷中广泛应用的一种印刷纸，是专供胶印机进行套色胶印的纸张。主要被用来印彩色画报、画册、插图和封面等，纸定量为 $60g/m^2$、$70g/m^2$、$80g/m^2g/m^2$ 和 $90g/m^2$ 的多数用来印高级书籍、杂志，$100g/m^2$、$120g/m^2$、$157g/m^2$、$180g/m^2$ 高定量的印画报、画册、插图和封面等。

胶版纸为了适应高速卷筒纸胶印，印品数量大的采用卷筒胶版纸，印数少的用平张的胶版纸。因此，为了保证多色套印的精度，增强纸的抗水性能，提高纸张尺寸稳定性，增强纸的表面强度，减少印刷过程中的掉粉、掉毛故障，在抄选时采用长纤维游离状打浆，并在干燥时进行表面施胶。由于胶印油墨为氧化结膜干燥方式，为了提高油墨在纸上的干燥速度，胶版纸的 pH 值应趋于中性或碱性。

二、涂布亚光与高光铜版纸

铜版纸有单面涂布和双面涂布的区别，用于单面印刷的称单面铜版纸，双面铜版纸是在原纸的正反两面都涂上涂料印刷纸，称为双面铜版纸。铜版纸在光泽度上还有区别，光泽度高的称高光铜版纸、珠光铜版纸、丝光铜版纸，至于光泽度低的，一般称它亚光铜版纸。这两种铜版纸都适于彩色胶印画报、图册、图片和插图。它的定量有 $80g/m^2$、$100g/m^2$、$120g/m^2$、$157g/m^2$、$180g/m^2$ 和 $200g/m^2$，书籍插图常用的在 $100g/m^2$、$120g/m^2$、$157g/m^2$ 和 $180g/m^2$ 4 个档次较普遍。

三、涂布压纹铜版纸

涂布铜版纸除了高光与亚光铜版纸外，还有一种在涂布后再进行一次压纹工艺加工，用刻有纹样的不锈钢辊筒压纹。成品名称叫涂布压纹纸。涂布压纹纸的纹理较细密，层次也较浅，其中有蛋壳纹、沙粒纹、纱布纹、植物机理纹、细直线纹以及自然皱纹等，因为纹样细密层次浅，彩色胶印画报、图册、艺术作品与插图均显出新颖机理的艺术效果。

四、彩色纸

特种工艺加工纸张中有一类彩色纸，这类彩色纸中有一大部分为浅色调，有象牙白、浅米色、浅肉色、浅灰色、浅茶色、浅蓝色和浅绿色等，定量在 $100\sim200g/m^2$ 之间，这类浅色纸一般用来印单色插图，效果淡雅清秀，适于诗歌、文学作品书籍插图的印刷，也可彩色套印插图，有别样的艺术情趣。

五、纹理纸

除了前面介绍的浅色彩色纸用作插图纸印刷外，还有在白色胶版纸上经过特种工艺加工的表面呈现出深浅不同的凹凸纹理，这种纸是经过纸张加工厂预先用钢辊筒上刻制的各种不同纹理生产的。纹理基本分两类，一类是细纹理、一类是粗纹理。细纹理原则上依旧可以上胶印机印刷各种色彩的图片、画册、插图，粗纹理可以采用凸版、丝网印刷或烫印色箔和金银等电化铝。其艺术效果也相当时尚。很多出版社采用这种粗纹理作封面或包封。

第十二节

书籍封面烫印材料

书籍装帧形式有两大类，一为软面平装类，二为硬面精装类，硬面精装类封面材料除纸张外还采用丝织品、棉织品、麻织品等纺织类品种。还选用人造革和聚氯乙烯涂层等品种，还直接采用羊皮、猪皮、牛皮等皮革类品种，在这些材料上基本不好采用印刷工艺技术，因此只能以热压方法烫压材料。

用热压烫压方法将金属箔烫压在书籍上，在我国已有好几个世纪的历史了，15 世纪就曾流行用赤金箔装饰书籍。

一、金属箔

金属箔的种类有赤箔、银箔、铜箔和铝箔几种，其中以赤金箔使用较多，使用时间也最久，到现在一些有保存价值的贵重书籍仍用赤金箔烫印，因为赤金箔不易氧化，可以永久发光。

1. 建国初期我国采用传统的金属箔有金、银两种，它是手工打制成的，成品是方形的 80mm 见方一张，放在两页 90mm 见方的薄纸中间，这种金属箔是用纯金延展而成的，赤金外表十分华丽富贵，质地柔软，性能稳定，不易因氧化而失去光泽，且延展性能是金属中最好的一种。50 年代初我设计的《列宁全集》硬面圆脊精装，用硝棉漏底漆布裱四号黄纸板，封脊上用赤金烫"列宁全集" 4 个宋体字，相隔半个多世纪，现在仍然金光闪闪永久发光（见图 8-84）。

2. 银箔是以纯白银经延展制成的。白银质软，延伸仅次于赤

图 8-84 精装烫印的赤金箔用在《列宁全集》封面上几十年依然金光闪闪

金，因此纯银箔比赤金箔略厚。白银外表华丽，化学性能较稳定，易于保存，也是一种较贵重的烫印材料。

二、粉箔

粉箔又称"色片"，是在玻璃等平面光滑体上，沉积一层颜料和黏合材料等混合涂料层，经干燥后剥离于纸上包装好的烫印材料。

粉箔在解放前上海、南京等地书籍上出现过，新中国成立后，北京也有生产，在电化铝色箔以前都用这种粉箔烫印各种带有颜色的印迹。粉箔的特点是制作简单、颜色鲜艳、烫迹厚实饱满、色质纯正、遇光后不易反射。但由于粉箔无支撑体，易破碎，不易连续烫印。由于用粉箔烫印文字、装饰图案等效果好，故多色的高档书籍硬面精装封面、书脊均采用粉箔进行烫印。使用粉箔时可根据需要任意制作和选用，烫印时一定要掌握好其性能。由于粉箔没有支撑体，加工时要将其事先裁成所需幅面，按烫印位置一片片摆放后烫印。粉箔常备的有红色、白色、蓝色、绿色，如需要其他色相的可订制。

三、电化铝箔

电化铝箔是一种在薄膜片上经涂料和真空蒸镀复合加一层金属箔而制成的烫印材料。其包装形式为卷筒式。电化铝箔可代替金属箔作装饰材料，它具有华丽美观、色泽鲜艳、晶莹夺目、使用方便等特点，适用于在纸张、纸板、塑料、皮革、纺织品、PVC涂塑纸及有机玻璃等材料上烫印。电化铝较早投入生产的有上海、北京、福建等地。电化铝箔已成为出版社常备装帧专用材料。

1. 电化铝箔的构成。电化铝箔是在16、18、20μm厚，500~1500mm宽的聚酯薄膜上涂布脱离层、色层、经真空镀铝再涂布胶层，通过复卷制成的。

电化铝共有五层材料合成的，第一层是基膜层。16μm厚的聚酯膜；其作用是支撑依附在上面的涂层，便于烫印加工时的连续动作。不易变形，强度大，抗拉，耐高温等性能。

第二层为脱离层。用有机硅树脂等涂布而成。烫印加热加压后使色料、铝、胶层，能迅速脱离聚酯膜而被转移黏结在被烫印物体的表面上。

第三层是色层。主要成分是成膜性、耐热性、透明性适宜的合成树脂和染料。色层一是显示颜色；二是保护烫印在物品表面的镀铝层图文不被氧化。电化铝的颜色有橘黄、黄、红、绿等多种。色层的颜色透过镀铝层后被赋予光泽，如黄色经镀铝后为金色、灰色镀铝后为银色等。

第四层是镀铝层。将涂有色层等的薄膜，置于连续镀铝机内的真空室内，通过电阻加热，将铝丝熔化并连续蒸发到薄膜的色层上，形成镀铝层。作用是反射光线，改变颜色使其呈现光泽。

第五层是胶粘层。用易熔的塑性树脂，通过涂布机涂布在铝上，经烘干，即成胶粘层。作用为烫粘在被烫物体上。

2. 电化铝箔的合理选用。现在国内外电化铝箔的种类繁多，性能各异，质量优劣不同。进口的电化铝箔质量虽较好，但由于型号不同、烫印对象材料不同，所以烫印材料不一定全适用被烫印物。选用电化铝时应先了解其性能、质量等，再根据被烫物的材料、质地等具体情况进行选择。

3. 烫印电化铝箔的版材有铜版、锌版和镀铜锌版三种。使用铜版为好，铜版耐热、传热性好，有适合的弹性，烫印效果好。

4. 烫印封壳的压力。一般压痕在 0.4mm 左右；时间在 0.5~15min；温度为 110~145℃。要根据被烫物表面的平整度、材料种类等调整不同压力、时间和温度，保证烫印物的质量与效果。

四、色箔

色箔是一种在薄膜片基上涂布颜料、树脂类黏合剂及其他溶剂等混合涂料而制成的烫印材料。用色箔烫印可形成各种颜色的图文。

色箔的研制生产晚于电化铝箔，主要是代替传统的粉箔使用。其特点是：颜色种类多、选择范围广、可作自动的连续烫印加工，浪费少，易于运输贮存。色箔规格、包装与电化铝箔相同，是一种很受欢迎的书籍封面颜料箔。但由于色箔的色层较薄，与粉箔相比，不如粉箔烫印后的颜色鲜艳、厚实饱满。

色箔的构成与电化铝箔相似，所不同的是电化铝箔要真空喷镀一层金属铝，而色箔是直接在基膜上涂料、不镀铝层。

色箔第一层为基膜层。基膜一般为 $12{\sim}16\mu m$ 厚的聚酯薄膜。主要起支撑涂层作用。其包装形式是卷筒式，便于连续加工、贮存和运输。

第二层为脱离层。脱离层的涂料为有机硅树脂或蜡液，其作用是使色黏层在烫印时能迅速脱离基膜而被黏结在被烫物上。脱离层要有良好的脱落效果，否则会造成烫印颜色发花、不均等质量问题。

第三层为色黏层。色粘层是以颜料为主体，再加入黏结剂、醇溶剂和其他填料等，按一定比例混合组成的。色箔的各种颜色主要取决于这一层的涂布和配制。如常用的红、黄、绿、黑等，均是按使用者要求配制、涂布而制成的。由于有黏料加入，故又能经受热压，使其牢固地黏结在被烫印物上。

色箔的烫印比电化铝难度要大些，特别是与被烫物表面色差大时，如果选料不当或掌握不好，就会出现漏底、花版、变色、糊版等质量问题。因此在烫印时要根据被烫印物的质地、形式、花纹的深浅、网线的粗细等，合理地掌握压力、时间和温度，才能使烫印在书籍封面上的图文达到清晰、饱满、色泽鲜艳、牢固不脱落。

五、丝网印刷

丝网印刷不仅在各类纸品以及黑卡纸、厚灰纸板上进行，而且还能在木板、硬塑料板、铝板、铜板、有机玻璃、泡沫塑料、宋锦、丝绒等材料上多色套印图文。

丝网印刷约 1930 年由上海英美烟草公司传入，当时并不称丝网印刷而称"丝漆印刷"，因为当时用油漆印刷，上海各街道有装公用电话的店面，电话公司事前用丝漆印刷印在铁皮上，正反两面印黄底红字"公用电话"四字。色彩鲜艳而且有一定的厚度，把它装置在店面柱子上或门框上，向人行道方向伸出，日晒雨淋都不褪色，过街行人一目了然。

现在书籍装帧应用丝网印刷选用的材料有：黑卡纸、厚灰纸板、硬塑料板、木板、铝板、铜板、有机玻璃、泡沫塑料、宋锦、以及丝绒，这些装帧材料都能充分表现出各种图文的理想效果。

丝网印刷用的印料，有以下几种：①丝网印刷油墨；②木材家具上用的油漆；③油墨与油漆各半调和；④油墨中添加少许松香，经过加温受热，松香油墨就会发松增加厚度。根据使用情况选择印料印刷。

1995 年，我在奥林匹克出版社担任艺术顾问期间，亲自设计的《第六届远东及南太平洋地区残疾人运动会总结报告》的封面、书脊就是在翠绿色日本产的涂塑纸上以 50% 的白色墨与白色油漆调和后，采用丝网印刷工艺印上的，文字笔画清晰，并有一种凸起的厚度感觉，增添了装帧艺术感。